중화학공업기술교재 6

계 장

|산업훈련기술교재편찬회 편|

도서출판 세화

머리말

　경제 개발 5개년 계획과 중화학 공업 육성으로 우리나라의 화학 공업은 급속도로 발달하여 세계 속에 중화학 공업국으로 발돋움하고 있는 이때에 우수한 기능공이 절실히 요구되고 있음은 물론, 보다 안전하고 능률적인 조업이 시급한 실정임을 간파하여 이 교재를 편찬하게 되었다.

　이 교재는 세계에서 유명한 GULF사가 사내 조업 기술 훈련 교재로 개발한 화학 공장 조업을 위한 교재이다.

　이 교재는 현재 우리나라에서도 유수한 화학 공장에서 사용하여 좋은 성과를 거둔바 있는 일명 PILOT 교재란 이름이 붙은 우수한 교재이다. 이 교재의 특성은 주입식, 문답식, 도설로 되어 있으므로 누구나 쉽게 숙련할 수 있게 편집되었다.

　이 교재 출간으로 중화학 공업 발전에 기여할 수 있는 계기가 되기를 바라는 마음 간절하며 교재 편찬에 수고해 주신 여러분께 심심한 감사를 드리는 바이다.

차례

제1편 측정용 계기(Measuring Instrument)

01장_계장 서론(An introduction to Instrumentation) ··· 3

02장_압력 계기(Pressure Instrument) ··· 13

1. 압력이란 무엇인가? ·· 14
2. 압력은 어떻게 측정하는가? ·· 22
3. 압력 계기에 관한 조업 문제점 ·· 42
4. 계기를 밀폐시키는 법 ·· 49
5. 압력 측정값의 해독 ·· 51
6. 복습 및 요약 ·· 53

03장_온도 계기(Temperature Instrument) ··· 57

1. 온도란 무엇인가? ·· 58
2. 팽창 요소 온도계 ·· 67
3. 전기 온도계 ·· 76
4. 복습 및 요약 ·· 88

제2편 프로세스 제어용 계기(Process Control Instrument)

01장_프로세스 제어(Process Control) ··· 95

1. 밸브 ··· 96

Contents

2. 수동식 밸브 · 99
3. 플러그 콕 밸브 · 103
4. 나비모양 밸브 · 104
5. 게이트 밸브 · 106
6. 수동에 의한 프로세스 제어 · 107
7. 프로세스의 자동 제어 · 113
8. 격막식 공기 모터 · 116
9. 피스톤식 공기 모터 · 118
10. 솔레노이드 · 120
11. 배합 · 122
12. 유량 조절계 · 124
13. 기어율 펌프 · 128
14. 복습 및 요약 · 130

02장_신호의 전달(Transmission of Signal) ··· 133

1. 서론 · 134
2. 조절 루프란 무엇인가? · 137
3. 공기 신호 및 전기 신호 · 140
4. 공기 신호 전달은 어떻게 이루어지나? · · · · · · · · · · · · · · · · · · · 143
5. 공기계에 관한 문제점 · 149
6. 계기용 공기 건조기 · 151
7. 전자 신호 전달은 어떻게 이루어지나? · · · · · · · · · · · · · · · · · · · 155
8. 전기 회로 · 156
9. 변압기 · 159
10. 가동 코일 · 161
11. 축전기 · 165
12. 전기계에 관한 문제점 · 169
13. 복습 및 요약 · 170

03장_경보 및 조업 중지 장치(Alarm and Shutdown Device) … 175

1. 서론 ………………………………………………………… 176
2. 페일-세이프 밸브 ………………………………………… 179
3. 프로세스 조업 중지 ……………………………………… 181
4. 경보 및 조업 중지 장치는 어떻게 작동되나? ………… 183
5. 액위 경보 및 조업 중지 장치 …………………………… 186
6. 플로트-스위치식 경보 장치 ……………………………… 187
7. 자기 작동식 플로트 ……………………………………… 189
8. 음파 액위계 ………………………………………………… 191
9. 서미스터식 경보 장치 …………………………………… 192
10. 스냅 작동식 파일럿 밸브 ……………………………… 195
11. 압력 경보 및 조업 중지 장치 ………………………… 197
12. 유량 경보 및 조업 중지 장치 ………………………… 200
13. 전기식 유량 경보 장치 ………………………………… 202
14. 온도 경보 및 조업 중지 장치 ………………………… 204
15. 바이메탈식 경보 장치 ………………………………… 206
16. 경보 지시기 ……………………………………………… 208
17. 복습 및 요약 ……………………………………………… 211

제3편 조절계 및 조절 방식(Controller and Control Mode)

01장_조절계(Controller) … 217

1. 조절계는 왜 필요한가? ……………………………………218
2. 조절계는 어떻게 작동되나? ………………………………220
3. 조절 루프 ……………………………………………………225

4. 시스템 응답 …………………………………………… 227
5. 편차와 진동 …………………………………………… 230
6. 조절계의 형식 ………………………………………… 233
7. 복습 및 요약 …………………………………………… 250

02장_미분 동작 및 적분 동작을 하는 비례 동작 조절계
(Proportional Controller with Rate and Reset Action) … 253

1. 공정 부하 ……………………………………………… 254
2. 귀환 정보 벨로즈 ……………………………………… 261
3. 부하의 변화는 비례 동작 조절계에 어떻게 영향을 주는가? …… 267
4. 적분 동작 ……………………………………………… 272
5. 미분 동작 ……………………………………………… 284

03장_조절계의 사용(Working with Controller) … 291

1. 서론 …………………………………………………… 292
2. 조절계의 조정에 관한 문제점 ………………………… 295
3. 하나의 공정을 조절하면 다른 공정에 어떻게 영향을 주나? …… 297
4. 적분 동작 및 미분 동작은 조절에 대해 어떻게 영향을 주나? …… 303
5. 조절 방식에 대한 고찰 ………………………………… 306
6. 누가 조절계를 조정하여야 하나? …………………… 309

PART 01

측정용 계기
(Measuring Instrument)

1. 계장 서론
   (An Introduction to Instrumentation)
2. 압력 계기
   (Pressure Instrument)
3. 온도 계기
   (Temperature Instrument)

CHAPTER 01

계장 서론
(An Introduction to Instrumentation)

001

가솔린, 윤활유(Lube oil)와 같은 석유 제품은 원유(Crude oil)로부터 만들어진다.
연료, 윤활유, 석유 화학 제품 및 기타 제품 등을 만들기 위하여 원유는 _____ 된다.

002

원유는 각종 장치를 사용하여 가공되며, 사용되는 이들 장치는 만들어지는 제품에 따라 다르다.

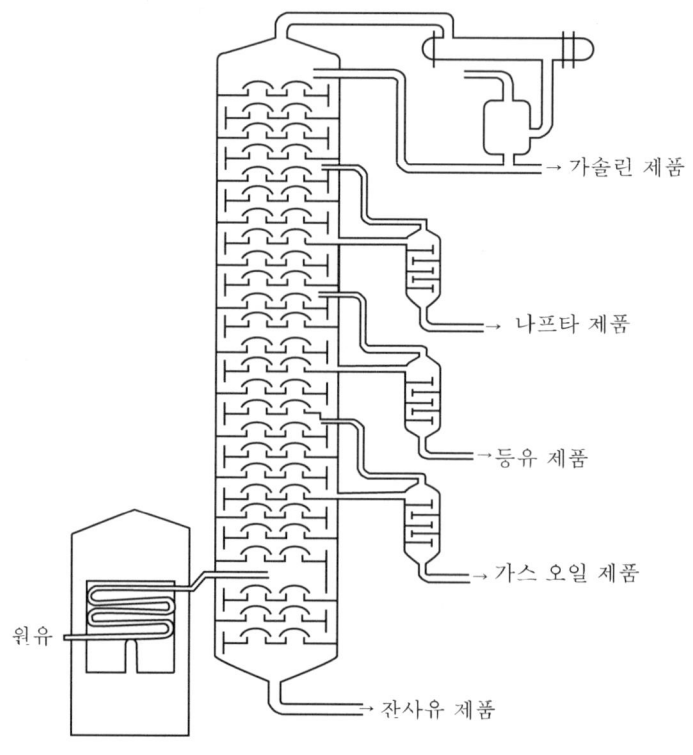

예를 들어 위의 정유 장치는 원유를 받아서 각종 _____ 으로 변화시킨다.

003

원유는 많은 탄화수소의 혼합물이며 그 범위는 높은 온도에서 끓는 아스팔트로부터 _____ 온도에서 끓는 가솔린에 이른다.

답 1. 가공 2. 제품 3. 낮은

004 예를 들면 등유와 같은 여러 가지 탄화수소 제품은 아스팔트와 가솔린 사이의 비등 범위를 갖고 있다.
등유는 가솔린보다 비등점이 (높다/낮다).

005 혼합물 A는 혼합물 B와 다른 온도에서 끓는다.

80%	가솔린	80%	등유
20%	등유	20%	가솔린
A		B	

혼합물 (A/B)는 낮은 온도에서 끓는다.

006 가솔린 및 등유의 혼합물을 끓여서 가솔린을 분리시키려면 혼합물은 적당한 온도에서 가열되어야 한다.
만약 온도가 너무 (높으면/낮으면) 가솔린은 끓거나 증발하지 못할 것이다.

007 만약 온도가 너무 _____면 등유는 가솔린과 함께 끓여서 증발할 것이다.

008 만약 공정이 계속적일 때는 더 많은 _____이 분리되어 나옴에 따라 더 많은 가솔린-등유 혼합물이 공정에 도입되어야 한다.

009 공정이 계속될 수 있도록 충분히 _____이 있는 것을 확인하기 위하여 장치로 도입되는 유량을 주의 깊게 조절하여야 한다.

010 혼합물이 닫혀진 장치 속에서 증발한다면 그 _____는 혼합물이 끓을 때 빠져나갈 수 없다.

---

4. 높다 5. A 6. 낮으면 7. 높으 8. 가솔린 9. 혼합물 10. 증기

011 따라서 닫혀진 장치 속에서 압력은 (증가/감소)한다.

012 압력이 증가하면 끓는 온도도 증가한다. 이렇게 증가된 압력하에서 가솔린을 끓이기 위해서는 온도를 (증가/감소)하여야 한다.

013 다음에서 어느 것이 석유 제품의 분리에 영향을 주는가? 맞는 것에 ○ 표를 하여라.
① 온도　　　　　　② 압력　　　　　　③ 유량

014 압력, 온도 그리고 유량은 모든 정류 공장에서 세 가지 필수 요소이다. 변하기 쉬운 조건, 즉 온도, 압력, 유량 등을 _____라고 한다.

015 액위도 또한 공정에 영향을 준다.

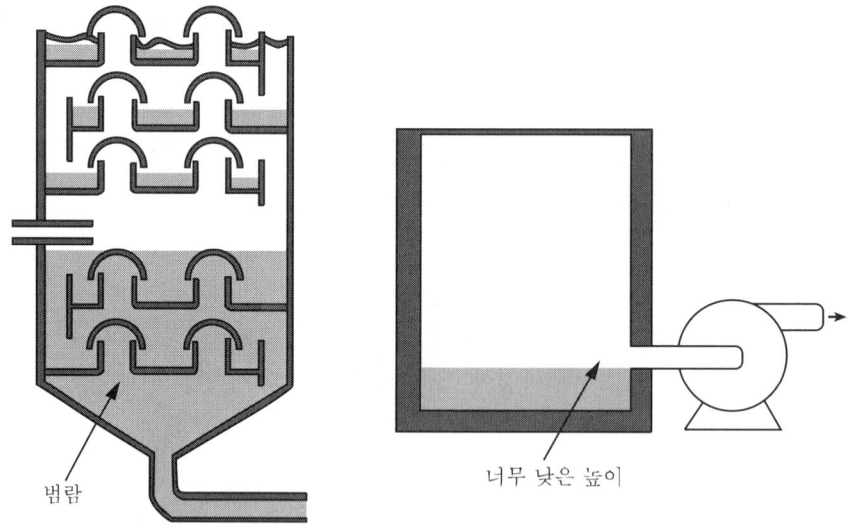

위 두 개의 그림에서 액위는 조업에 영향을 (준다/주지 않는다).

답　**11.** 증가　**12.** 증가　**13.** ① ○　② ○　③ ○　**14.** 변수　**15.** 준다

016 액위는 정유 공정에서 하나의 변수(이다/가 아니다).

017 정제품은 탱크 속에 저장되어 판매된다.

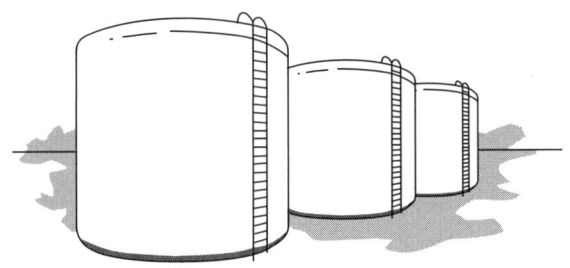

탱크를 넘쳐 흐르게 하는 것은 위험하며, 이것은 가솔린을 낭비하고 또 _____ 낭비하는 것이다.

018 탱크나 각종 용기 속의 액체의 _____는 조절되어야 한다.

019 공정의 변수는 서로 관련이 있다.

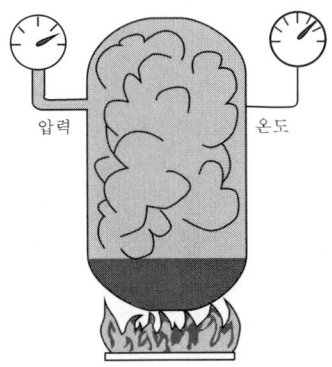

위의 그림에서 물을 가열하면 온도가 올라가고 보일러 내의 압력은 _____한다.

---

16. 이다 **17.** 돈을 **18.** 액위 **19.** 증가

020 하나의 계 내에서 온도와 _____의 변화는 서로 직접적으로 관계가 있다.

021 밀폐된 용기 속에서 기체 또는 액체가 가열되면 그 압력도 _____한다.

022 밀폐된 공간 속에서 온도가 증가되면 압력은 _____된다.

023 압력차는 액체를 움직이게 하는 데 필요하다.

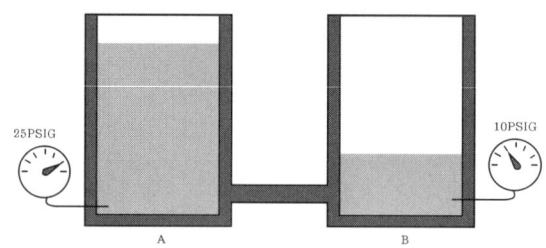

액체는 (A로부터 B/B로부터 A)로 흐른다.

024 압력은 유량과 관계가 있다.
압력차가 크면 클수록 유량은 (많아진다/적어진다).

025 액체의 압력은 그 용기의 밑바닥에도 미친다.

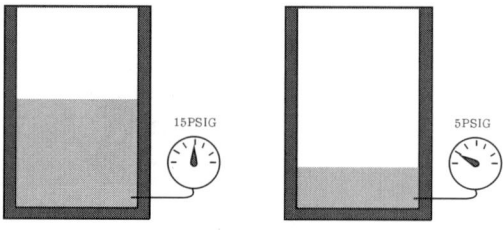

위가 열린 용기의 밑바닥에서 받는 압력은 _____의 높이에 따르게 된다.

답 20. 압력 21. 증가 22. 증가 23. A로부터 B 24. 많아진다 25. 액체

026 용기의 밑바닥에서의 압력 측정은 액체의 _____를 측정하여 결정할 수 있다.

027 액체는 탱크 밑바닥의 _____을 측정함으로써 결정할 수 있다.

028 밀폐된 탱크에서 액체와 기체에 의해 나타나는 압력은 다음 세 가지 상이한 요소 중 어느 것에 의하여 결정되는가? 맞는 것에 ○표를 하여라.

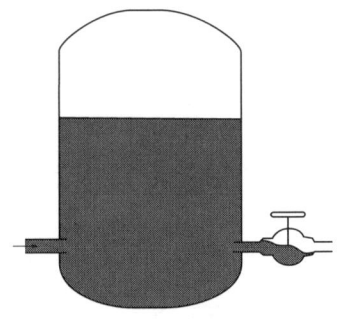

① 온도 　　　　　　　　　② 액체
③ 밀폐된 탱크 속으로 유체가 흐르는 것

029 기체나 액체 가스관 속으로 흐를 때 그 압력은 감소된다.
압력 변화는 기체나 액체의 흐르는 _____을 나타내는 데 사용할 수 있다.

030 탱크 속의 액위가 높아지면 높아질수록 탱크 밑바닥의 압력은 점점 더 커진다.
탱크 밑바닥의 압력 변화는 _____의 변화를 나타내는 데 역시 사용해도 된다.

031 액위와 유량 측정은 _____ 변화를 측정함으로써 알 수 있다.

답　26. 높이　27. 압력　28. ① ○　② ○　③ ○　29. 양 또는 방향　30. 액위　31. 압력

032 한 공정의 변수는 다른 공정의 변수와 관계가 (있다/없다).

033 정유공장의 장치는 복잡하고 대단히 비싸다.
다른 사람의 도움 없이 한 사람이 모든 온도 변화나 압력, 액위 및 유량을 추적할 수는 없으며, 동시에 너무 많은 _____들을 혼자 막을 수는 없다.

034 유량계, 압력계, 온도계와 같은 계기들을 사람의 감각 자체보다 더
_____하다.

035 어떤 계기를 통하여 조업원은 그가 그 계기를 보고 있는 순간의 공정 상태를 알 수 있다.

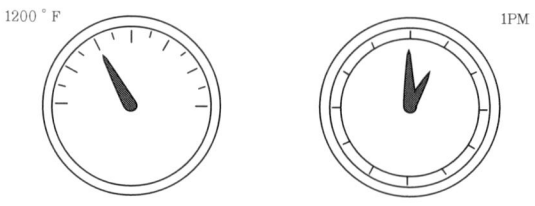

조업원은 문자판과 시계를 볼 수 있어, 하오 1시에 공정의 온도가 _____라는 것을 알 수 있다.

036 그러나 하오 2시의 같은 계기는 하오 1시에 온도가 얼마이었는가를 나타낼 수는 없다.
따라서 계기는 측정하고 지시해 주는 것이며 (기록하는/기록하지 않는) 것이다.

037 연필과 그래프 용지도 같은 계기에 추가해 줄 수 있다.
이때는 이 계기는 측정하고 _____한다.

---

32. 있다 33. 변화 34. 정확 또는 믿을 만 35. 1,200°F 36. 기록하지 않는
37. 기록

038 압력은 매우 중요하며 만약 압력이 조금이라도 증가하면 한 장치는 규격 제품을 생산하지 못한다고 하자.
이 장치의 압력은 (자동적으로/조업원에 의해) 조절될 필요가 있다.

039 결국 우리는 줄곧 매초마다 압력계를 보고 있을 수는 없다.
따라서 중요한 공정들은 보통 (자동적으로/수동적으로) 조절된다.

040 아래의 도표는 정유 장치를 나타낸다.

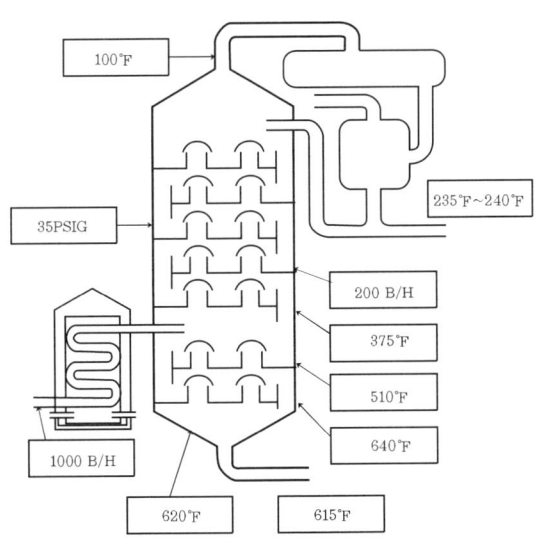

각 사각형 속에는 그 값에서 정확하게 유지되어야 할 압력, 온도 또는 유량이 기입되어 있다.
상오 2시에 비가 오고 춥고 당신은 두통에 신음하며 당신의 교대 근무자가 20분 늦게 왔다고 하자.
이러한 근무는 다음 어느 것에 해당할까?
A. 계기만 있으면 된다.
B. 조업원만 있으면 된다.
C. 계기 및 조업원의 양쪽이 있어야 한다.

38. 자동적으로   39. 자동적으로   40. C

CHAPTER 02

압력 계기
(Pressure Instrument)

1. 압력이란 무엇인가?(What is Pressure?)

001 모든 물질은 분자(Molecule)로 구성되어 있다.

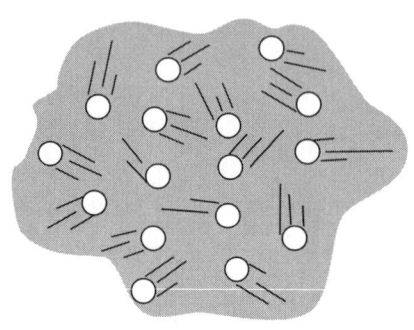

기체나 액체에서 분자는 (한 방향/모든 방향)으로 빨리 움직이고 있다.

002 이 탱크는 부탄 가스 분자로 채워져 있다.

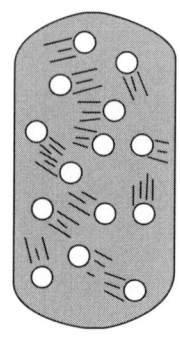

이 분자들은 상호 충돌하고 또 탱크의 _____에도 충돌한다.

003 분자들이 어떤 물건을 칠 때 분자들은 힘(Force)을 미친다.
분자의 움직임이 빠르면 빠를수록 더 많은 _____을 미치게 된다.

답 1. 모든 방향 2. 벽 3. 힘

004 더 많은 분자들이 물체에 충돌할 때 그 분자들은 (더 큰/더 작은) 힘을 미치게 된다.

005 분자가 무거우면 무거울수록 그들이 미치는 힘의 크기는 더욱 (커진다/작아진다).

006 분자들이 미치는 힘의 크기는 다음에 따라 다르다.
분자의 ____①____, 물체에 충돌하는 분자의 ____②____,
분자의 ____③____

007 압력은 어떤 면적에 작용하는 힘이다.

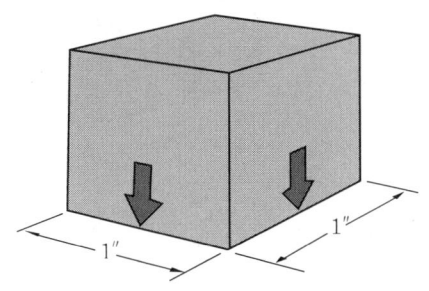

이 토막은 _____ $inch^2$의 면적 위에 힘을 미치고 있다.

008 압력은 $1inch^2$에 미치는 _____의 양이라고 말할 수 있다.

009 $1inch^2$에 작용하는 분자의 힘을 측정하는 것은 _____을 측정하는 한 가지 방법이다.

📝 **4.** 더 큰 **5.** 커진다 **6.** ① 속도 ② 수 ③ 무게 또는 크기 **7.** 1 **8.** 힘
9. 압력

010 분자들이 미치는 압력의 양은 다음에 따라 다르다.
inch² 를 치는 분자의 ____①____.
inch² 를 치는 분자의 ____②____.
inch² 를 치는 분자의 ____③____.

011 압력은 보통 1inch²당 파운드 수로 측정된다.
inch²당 파운드 수는 1inch²에 대하여 미치는 분자의 _____이다.

012 이 토막이 책상 위에 놓여 있다.

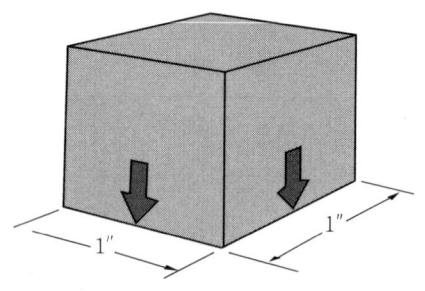

분자들은 책상 위 1inch²의 _____에 힘을 미치고 있다.

013 그러면 처음의 토막 위에 다른 토막을 겹쳐 놓는다.

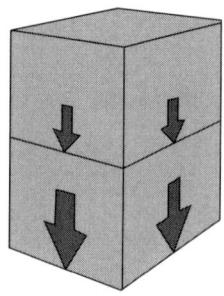

밑바닥의 압력은 (증가/감소)된다.

답   **10.** ① 속도 ② 수 ③ 무게 또는 크기   **11.** 힘   **12.** 면적   **13.** 증가

014 토막이 크면 클수록 그것에 미치는 압력의 양은 더욱 (커진다/작아진다).

015 이처럼 더 큰 토막은 같은 재질로 된 더 작은 토막보다 (더 큰/더 작은) 압력을 미치게 된다.

016 만약 토막이 더 가벼운 재질로 만들어 졌다면 그것은 더 무거운 토막보다 1평방 인치당 더 작은 _____을 미치게 된다.

017 이 용기 중 어느 것이 더 많은 압력을 나타내는가?

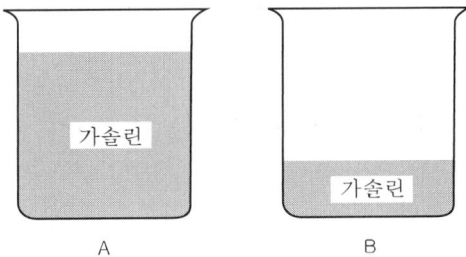

용기 (A/B)

018 아래의 두 용기에서 어느 것이 더 많은 압력을 나타내는가?

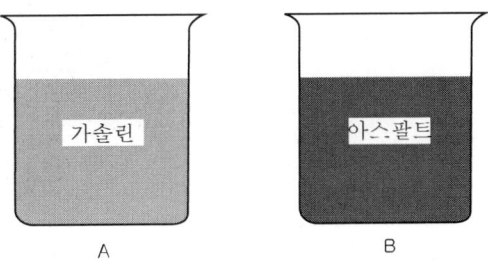

용기 (A/B)

답   **14.** 커진다   **15.** 더 큰   **16.** 힘   **17.** A   **18.** B

019 물질이 나타내는 압력은 다음에 따라 다르다.
물질의 ____①____ 와 물질의 ____②____

020 기체와 액체의 분자는 모든 방향으로 움직이기 때문에 그 분자들은
_____으로 힘을 미친다.

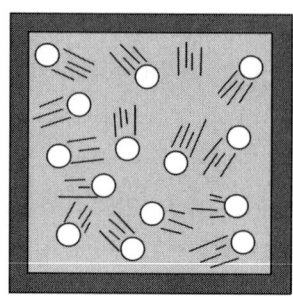

021 압력은 (한 방향으로/모든 방향으로) 나타난다.

022 만약 대기가 깊으면 깊을수록 대기량은 14.7파운드보다 (더 많다/더 적다).

023 아래 그림을 보아라.

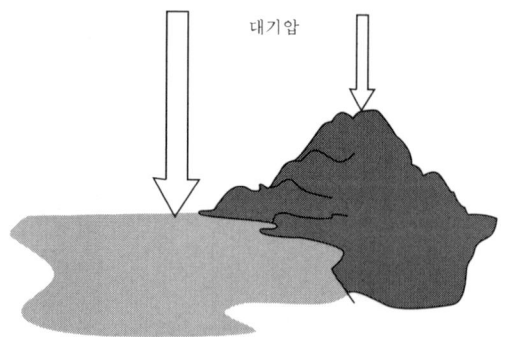

산꼭대기에서 대기의 높이는 해면에서의 대기의 높이보다 (더 높다/더 낮다).

답 19. ① 무게 ② 높이 20. 모든 방향 21. 모든 방향으로 22. 더 많다 23. 더 낮다

024 이렇게 공기가 미치는 압력은 공기의 _____에 따라 다르다.

025 산꼭대기에서 대기압은 14.7파운드보다 (더 크다/더 작다).

026 압력은 물질을 운반하는 데 사용될 수 있다.

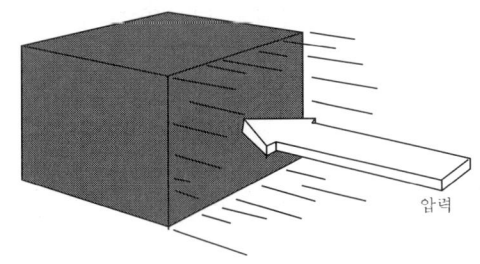

압력에 의하여 이 덩어리는 _____될 수 있다.

027 또한 압력에 의하여 액체를 한 곳으로부터 다른 곳으로 이동하게 할 수 있다.

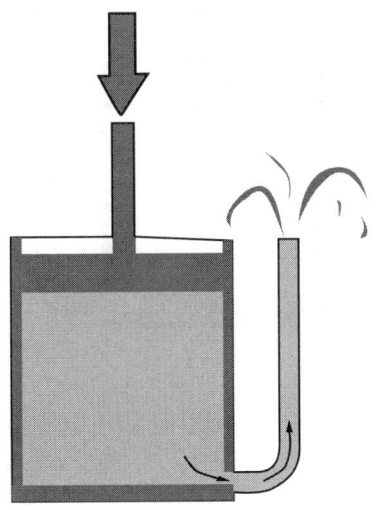

액체를 누르는 피스톤은 액체에 대하여 _____을 미치게 한다.

답   24. 높이와 깊이   25. 더 작다   26. 운반   27. 압력 또는 힘

028 액체는 압축될 수 없기 때문에 이 압력은 탱크 속의 액체의 일부를 탱크에 연결된 관 속으로 _____ 한다.

029 압력이 높으면 높을수록 관 속의 액위도 (더 높다/더 낮다).

030 만약 피스톤이 후진하면 액체는 (관 속에 정지하고 있다/탱크 속으로 들어온다).

031 관 속의 액체를 지지하고 있는 것은 _____의 힘이다.

032 대기압의 관 속의 액체를 또한 어떤 높이에 머물게 할 수 있다.

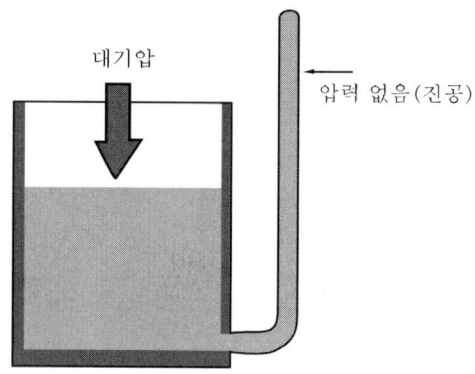

만약 관의 정상에 압력이 없다면(진공) _____의 압력은 관 속의 액체를 밀어올리게 된다.

---

28. 이동하게 **29.** 더 높다 **30.** 탱크 속으로 들어온다 **31.** 압력 **32.** 대기

033 만약 관의 정상이 열려 있다면 대기압은 역시 그곳을 내리누르게 될 것이다.

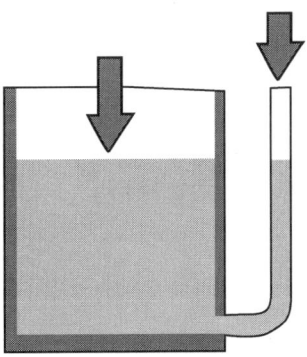

034 만약 _____에 차이만 있다면 액체는 이동할 수 있다.

035 액체는 (① 높은/낮은) 압력권으로부터 (② 높은/낮은) 압력권으로 이동한다.

답 33. 하지 않을 것이다 34. 압력 35. ① 높은 ② 낮은

2. 압력은 어떻게 측정하는가?
(How Pressure is Measured?)

(1) 기압계(The Barometer)

036 긴 유리관이 수은(무거운 액체 금속)으로 채워져 있다. 이 유리관을 그릇 속으로 뒤집어 놓으면 수은의 일부가 관으로부터 밖으로 흘러나와 그릇 속으로 들어가게 된다.

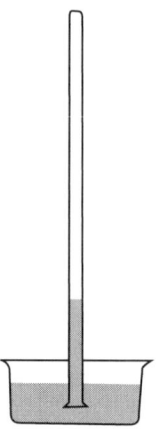

이렇게 될 때 관의 _____에 공간(진공)이 생기게 된다.

037 이 공간에는 압력이 (있다/없다).

038 이 공간에는 압력이 없기 때문에 내리누르는 압력은 (관/그릇) 속의 수은에 작용하지 못한다.

답 36. 정상 37. 없다 38. 관

039 아래의 기압계를 보아라.

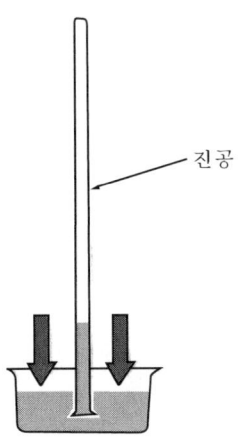
진공

_____의 압력은 그릇 속의 수은을 내리누르고 있다.

040 수은은 압축될 수 없기 때문에 _____압은 수은의 일부에 힘을 작용해서 관 속으로 올라가게 한다.

041 반복되는 실험으로 14.7파운드의 압력은 30inch의 수은주를 유지하고 있다는 것이 알려져 있다.
만약 대기압이 감소하면 수은주는 30inch보다 (크다/작다).

042 이것이 일기 예보에서 기압계가 올라가고 있다고 말할 때, 대기압은 (증가한다/감소한다)는 것을 의미한다.

답 **39.** 대기 **40.** 대기 **41.** 작다 **42.** 증가한다

043 수은은 대단히 무거운 액체 금속이다.

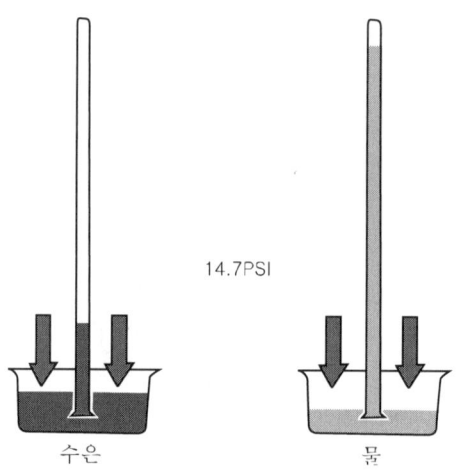

관 속에서 수은을 지탱하려면 (많은/비교적 적은) 압력이 필요하다.

044 14.7파운드는 더 많은 (물/수은)을 지탱할 수 있다.

045 대기압을 측정하기 위해서는 더 많은 (물/수은)을 필요로 한다.

046 물 대신 수은을 사용함으로써 기압계의 관을 더 (짧게/길게) 만들 수 있다.

047 기압계는 수은주의 _____로써 압력을 나타낸다.

답 43. 많은 44. 물 45. 물 46. 짧게 47. 높이

(2) 압력계(The Manometer)

048 기압계의 끝을 잘라내고 U관 모양으로 그것을 굽혀 준다.

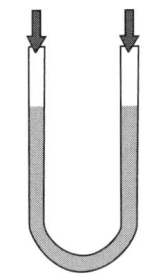

가압계와는 달리 양쪽 끝이 _____ 압에 드러내어진다.

049 관의 양쪽의 압력은 (같다/다르다).

050 액체는 (움직인다/움직이지 않는다).

051 액위는 양쪽이 (같다/다르다).

052 이 압력계는 한쪽 끝이 가스관 쪽으로 구부러져 있다.

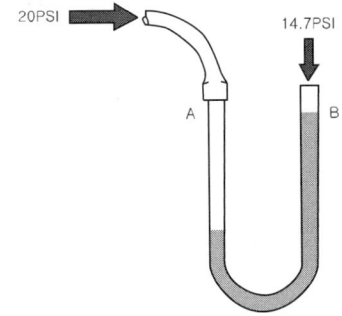

A에서 누르는 압력의 양은 B에서 누르는 압력의 양보다 (더 많다/더 적다).

📖 48. 대기 49. 같다 50. 움직이지 않는다 51. 같다 52. 더 많다

053 A에서 작용하는 높은 압력은 액체의 일부를 _____쪽으로 밀어올린다.

054 액위가 증가하거나 감소할 때는 압력이 변하고 있다는 것을 나타내고 있다. 압력계는 두 압력의 _____를 측정한다.

055 액위가 B쪽에서 높아질 때 압력은 (A쪽/B쪽)이 더 큰 것을 알 수 있다.

056 액위가 양쪽이 같을 때는 압력 _____가 없다.

057 아래의 압력계는 공정선상의 압력과 대기압의 차를 측정하는 것이다.

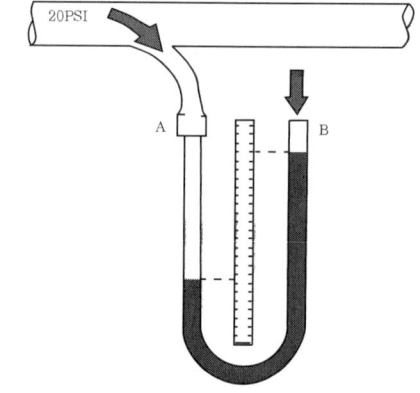

B에서 압력은 약 _____파운드이다.

058 압력은 (A/B)에서 더 크다.

답 53. B 54. 차이 55. A쪽 56. 차이 57. 14.7 58. A

059 공정 압력이 18파운드로 감소하고 있다고 생각하면 B에서의 액위는 (증가한다/감소한다).

060 우리는 지금 양쪽 탱크의 압력은 알 수 없다(66번의 그림을 참조). 압력계를 보고 양쪽 탱크의 압력이 얼마인가를 알 수 있을까? (알 수 있다/알 수 없다).

061 그것은 단지 압력 _____를 나타낼 뿐이다.

062 압력계는 수은이 꼭지에서 쏟아져 나오는 것을 막을 만큼 충분히 _____ 한다.

063 큰 압력차를 측정하기 위하여는 _____ 압력계가 필요하다.

064 압력계의 관은 유리로 만들어져 있고 필요한 길이 때문에 관이 잘 _____ 쉽다.

065 압력계는 운반, 취급 또는 고압에 적합하지 않다.
압력계는 (실험실/정유공장)에서 사용하는 데 더 실용적이다.

답 **59.** 감소한다 **60.** 알 수 없다 **61.** 차이 **62.** 높아야 **63.** 높은 **64.** 부러지기 **65.** 실험실

066 아래의 압력계는 두 탱크 사이의 압력차를 측정하는 것이다.

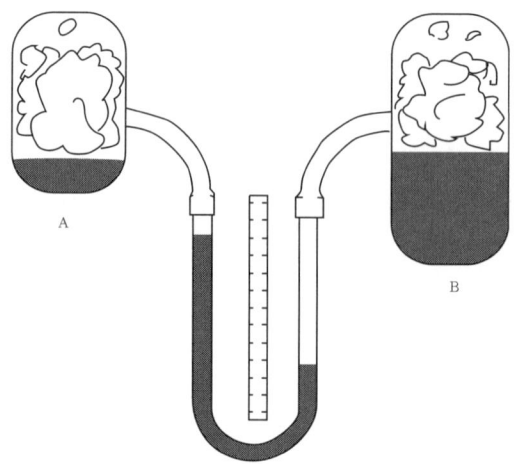

압력은 (A 탱크/B 탱크)에서 더 크다.

067 압력계의 한쪽 압력이 올라갈 때 수은은 반대쪽으로 올라간다.

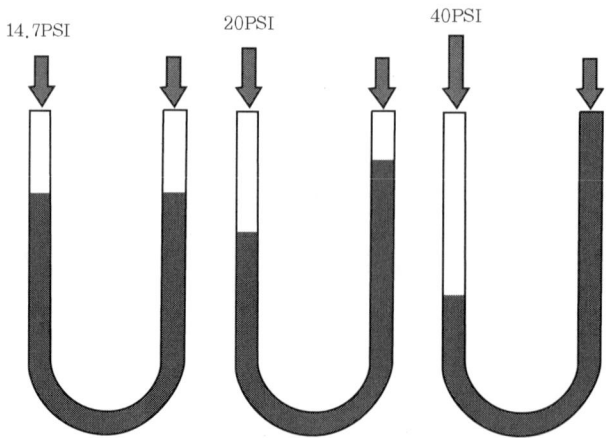

압력차가 증가할 때 양쪽의 액위차는 _____ 한다.

답 66. B 탱크 67. 증가

(3) 부르동관(The Bourdon Tube)

068 기구는 공기로 채울 때 (팽창한다/수축한다).

069 공기가 기구 속으로 힘을 가하므로 기구의 내압은 _____한다.

070 기구는 벽이 유지(지탱)할 수 있는 것보다 더 많은 공기가 들어갈 때 _____.

071 압력 계기의 대부분의 종류들은 이러한 팽창의 원리에 따라 동작한다. 팽창 요소를 구비한 계기는 압력이 _____할 때 움직이는 부분을 갖고 있다.

072 부르동관은 일반적으로 많이 사용되는 팽창 계기일 것이다. 그 계기는 유연한 금속으로 만들어진 속이 비고 구부러진 _____으로 되어 있다.

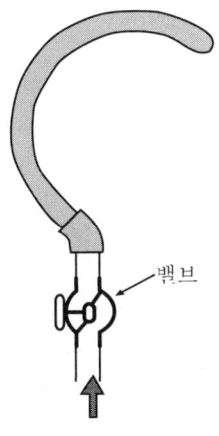
밸브

073 관의 한쪽 끝은 밸브를 통하여 _____원에 연결된다.

답 68. 팽창한다 69. 증가 70. 터진다 71. 증가 또는 변화 72. 관 73. 압력

074 부르동관식 계기로 정류탑 속의 압력을 측정할 수 있을까? (있다/없다)

075 부르동관의 도입구에 설치된 밸브가 닫힐 때 관 속의 압력은 낮아지고 관은 구부러지게 된다.

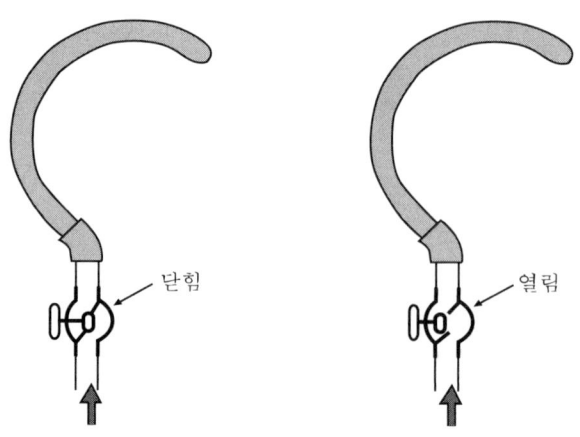

그러나 밸브가 열리면 압력이 증가하고 관은 (더 구부러진다/펴지게 된다)

076 관을 지침(Pointer)에 연결함으로써 연결 기구를 통하여 압력이 문자판(Dial)에 표시된다.

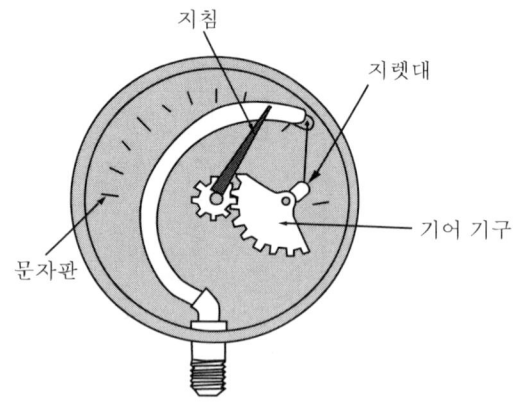

장치 속의 압력 증가는 관의 _____을 움직이는 원인이 된다.

---

74. 있다 **75.** 펴지게 된다 **76.** 끝

제2장 | 압력 계기(Pressure Instrument)

077 이 움직임은 기어(Gear)에 연결된 _____를 올려준다.

078 톱니바퀴가 오른쪽으로 돌면 바늘은 문자판의 _____손 쪽으로 움직인다.

079 문자판에서 시침은 (왼쪽으로부터 오른쪽으로/오른쪽으로부터 왼쪽으로) 움직인다.

080 이러한 종류의 부르동관은 C자와 같은 모양을 하고 있으므로 그것을 _____관이라고 부를 때도 있다.

(4) 와선형 및 나선형 부르동관 (Spiral and Helix Bourdon tube)

081 금속이나 금속 합금은 일반적으로 단단하나 유연성이 좋지 못하다.
따라서 부르동관 끝부분의 이용량이 비교적 (크다/작다)는 것을 의미한다.

082 압력 변화가 매우 _____면 관은 전혀 움직이지 않을 것이다.

답 77. 지렛대(Lever) 78. 오른 79. 왼쪽으로부터 오른쪽으로 80. C 81. 작다 82. 적으

083 부르동관은 그 모양을 바꾸어서 조그마한 압력 변화에 더 민감하게 작동하도록 만들 수 있다.

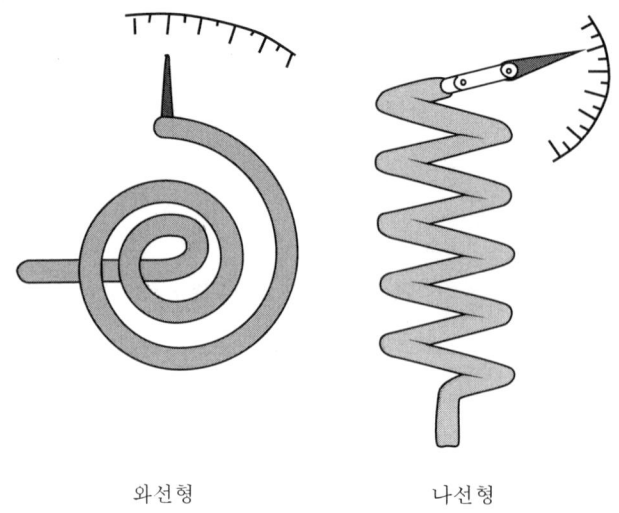

와선형　　　　나선형

감도를 증가시키기 위해서 관의 모양과 _____는 바꿀 수 있다.

084 아래의 와선형과 C형 부르동관을 비교하여 보아라.

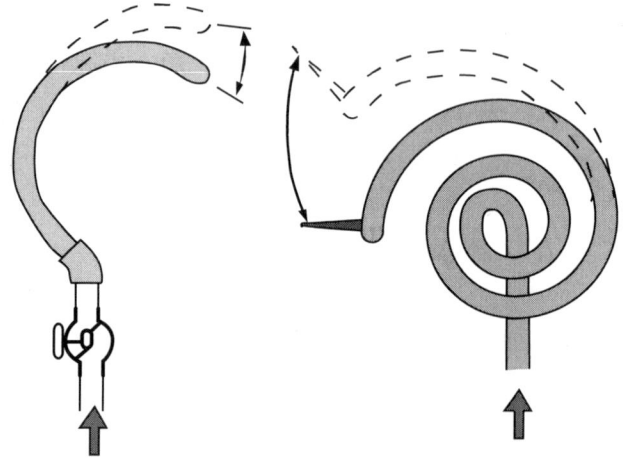

관의 길이를 더 길게 함으로써 끝부분의 움직임의 양도 _____한다.

답　　83. 길이　84. 증가

085 와선형과 나선형은 (높은/낮은) 압력에 사용할 때 C형 관보다 좋다.

086 수은 압력계와 같이 부르동관은 대기압에 의해서 영향을 받는다.

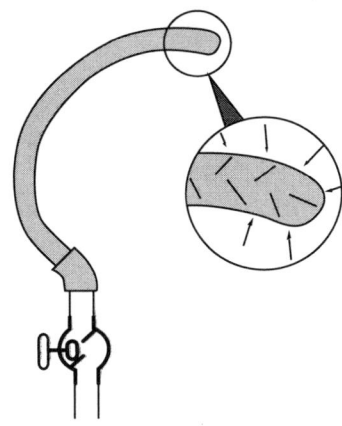

대기압은 관의 (바깥쪽에/안쪽에) 작용한다.

087 대기압이 공정 압력보다 크다면 기구의 시침은 한계점 영(Zero)에 머무르고 있기 때문에 관은 (움직인다/움직이지 않는다).

088 대기압은 관이 (오그라들려고 할 때/펴지려고 할 때) 그 운동에 저항력을 준다.

089 실제로 부르동관은 공정 압력과 _____ 압력과의 차를 측정하는 것이다.

---

85. 낮은 **86.** 바깥쪽에 **87.** 움직이지 않는다 **88.** 펴지려고 할 때 **89.** 대기

(5) 부르동관의 이용(Using the Bourdon Tube)

090 아래의 표는 부르동관을 만드는 몇 가지 금속을 나타낸 것이다.

재 질	특 성
강철	부식하기 쉽다.
놋쇠	부식성 유체에 약하고 불에 잘 녹고 파괴되기 쉽다.
스테인리스강	부식과 증기에 강하다.

뜨거운 기름이 흘러가는 관의 압력을 부르동관으로 측정하고자 할 때, 기름이 유황분을 함유하고 있다면 이 공정에서 가장 좋은 관은 _____으로 만들어 준 것이다.

091 이 스테인리스강은 값이 비싸다.
부르동관은 더 _____ 금속이 마찬가지 역할을 할 수 있다면 보통 스테인리스강으로 만들지는 않는다.

092 부르동관은 두 공정의 압력차를 측정하는 데 사용할 수 있을까?
(있다/없다)

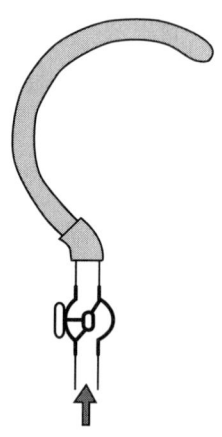

답 **90.** 스테인리스강 **91.** 값이 싼 **92.** 없다

(6) 격막식 계기(The Diaphragm Gage)

093 각각 다른 _____이 격막(Diaphragm)의 양쪽에 연결되어 있다.

094 격막은 고무나 또는 유연성 재질로 만들어져 있기 때문에, 압력 변화는 그것(격막)을 _____ 하는 원인이 된다.

095 두 압력이 (같을/다를) 때 격막은 움직이지 않는다.

096 격막식 계기는 (절대압/압력차)를 나타낸다.

097 아래의 작동중인 격막식 계기를 보아라. 맞는 것은?

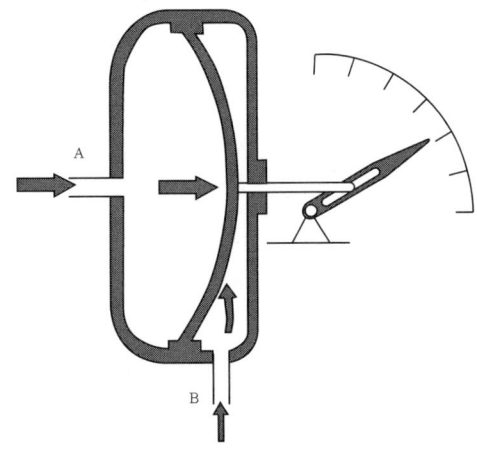

A. 압력은 공정 A에서 가장 크다.
B. 압력은 공정 B에서 가장 크다.
C. 압력은 양쪽 공정이 같다.

답 93. 압력 94. 움직이게 95. 같을 96. 압력차 97. A

098 격막식 계기도 또한 팽창 요소를 갖고 있는 계기이다.

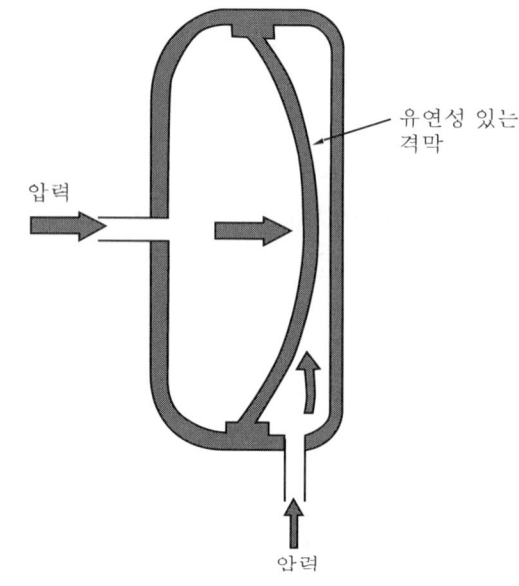

그 팽창 요소는 _____이다.

099 격막의 움직임은 _____ 의 중앙에 연결된 연결 장치에 의해서 시침에 전달된다.

100 격막의 크기와 두께는 그 압력차의 범위를 결정한다.
예를 들면 매우 얇은 격막은 (높은/낮은) 압력차에는 사용되지 않는다.

101 격막은 대단히 유연성 있는 재질로 만들어져 있으며, 매우 작은 _____ 변화에도 작동할 수 있게 되어 있다.

102 (격막식/부르동관) 계기는 압력차가 작은 곳에 사용하는 것이 좋다.

답 98. 격막 99. 격막 100. 높은 101. 압력 102. 격막식

(7) 주름통식 계기(The Bellow Gage)

103 주름통식 계기는 격막식 계기와 똑같은 원리로써 작동된다.

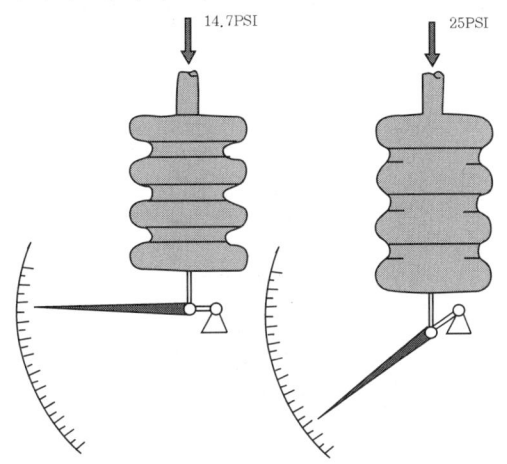

공정상의 압력은 주름통(Bellow)으로 들어가서 주름통의 분절(마디)을 (압축/팽창)시킨다.

104 압력이 증가하면 분절은 더 많이 팽창한다.
이러한 팽창은 연결 장치 시침을 통하여 전달되어 _____에 나타난다.

105 주름통은 격막보다 압력 작용 범위가 더 크다.

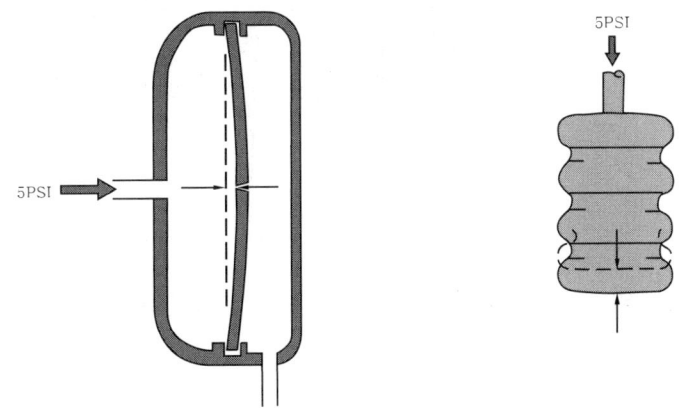

주름통은 격막보다 작은 압력 변화에 대해서 _____ 움직일 수 있다.

답 103. 팽창 104. 문자판 105. 더 멀리 또는 더 크게

106 주름통은 일반적으로 격막보다 (① 더/덜) 민감하고 (② 더/덜) 정확하다.

107 아래의 주름통 계기는 다음의 어느 것을 측정하는가?

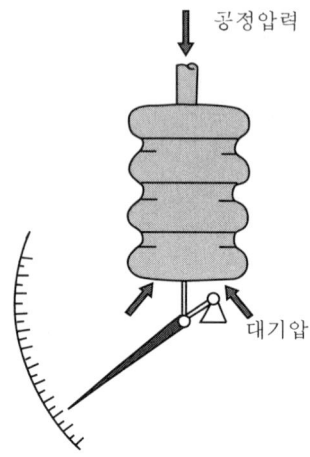

A. 프로세스(공정) 압력과 대기압의 차
B. 프로세스(공정) 압력차

108 주름통은 두 공정 사이의 압력차를 측정하는 데 사용될 수 있다.

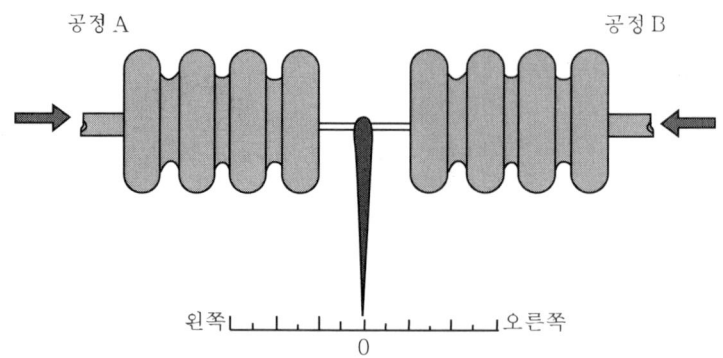

공정 A와 공정 B 사이의 압력_____ 가 없을 때 시침은 영점(0)을 가리킨다.

답 106. ① 더 ② 더 107. A 108. 차

109 압력이 A점에서 더 크면 시침은 (오른쪽/왼쪽)으로 움직인다.

110 양쪽 압력이 꼭같을 때 시침은 _____을 가리킨다.

111 여기에 압력차를 이용한 또 다른 종류의 주름통식 계기가 있다.

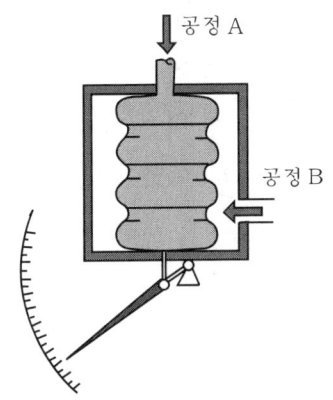

공정 압력 A는 주름통의 ___①___ 방향으로 밀고 나가고, 압력 B는 주름통의 ___②___ 방향으로 밀고 나간다.

112 압력 B가 압력 A보다 클 때 주름통은 (줄어든다/늘어난다).

답 **109.** 오른쪽 **110.** 영점 또는 0 **111.** ① 안쪽 ② 바깥쪽 **112.** 줄어든다

113 다음 계기 중 어느 것으로 공정 압력과 대기압의 차를 측정하는가? 맞는 것에 ○표를 하여라.

① A ② B
③ C ④ D

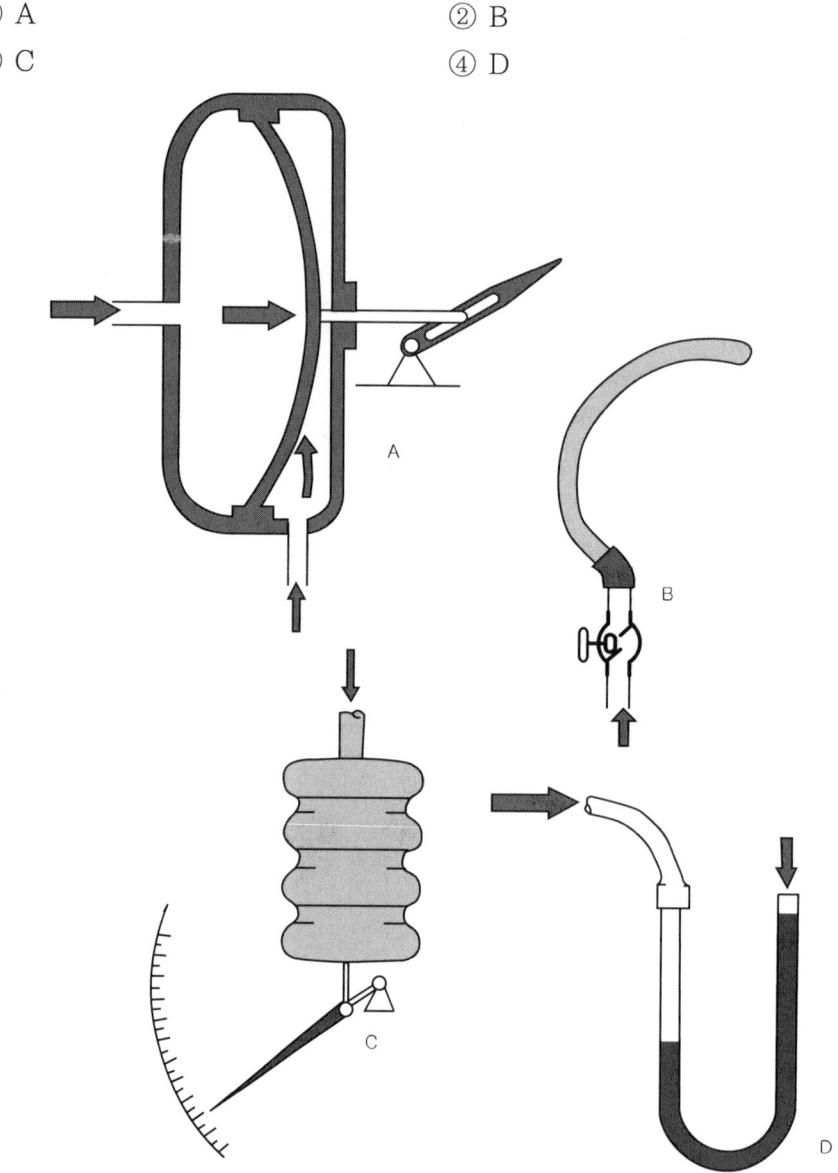

114 다음 계기 중 어느 것이 두 공정 압력 사이의 차이를 측정할 수 있는가? 맞는 것에 O표를 하여라.
① A ② B
③ C

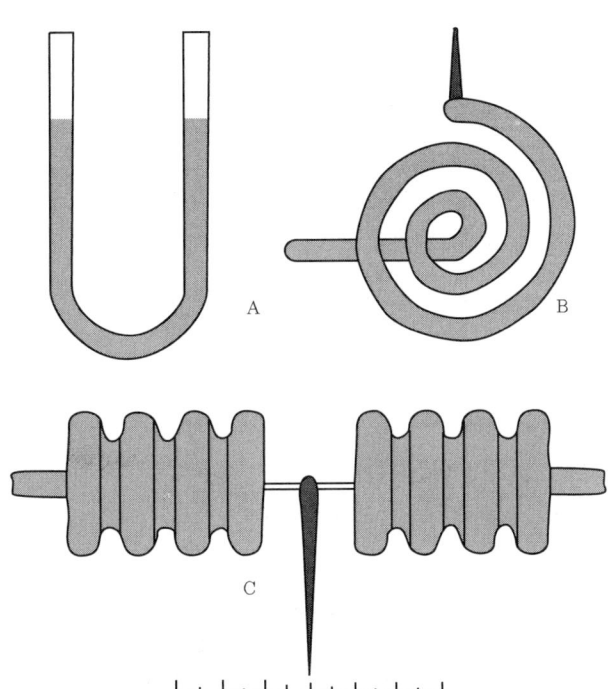

115 다음의 부르동관에서 어느 것이 작은 압력차에 더 민감한가?
A. C자 관 B. 와선형

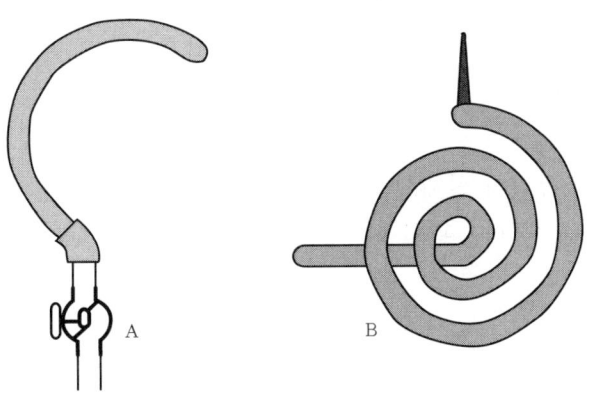

답 114. ① O ③ O 115. B

3. 압력 계기에 관한 조업 문제점
(Operating Problems with Pressure Gage)

116 부르동관, 격막 및 주름통 등은 과도한 _____ 에 의하여 파괴될 수 있다.

117 영구적인 파손은 계기의 사용 압력보다 1.5배 이상의 압력에서의 사용 때문에 생긴다고 가정하자.
계기의 사용 압력을 2배로 하는 것은 계기를 영구적으로 파손(하는 것이다/하지 않는 것이다).

118 예를 들면 이 계기의 조업 범위는 1파운드에서 10파운드까지이다.
조업 범위의 150%는 15파운드이다.

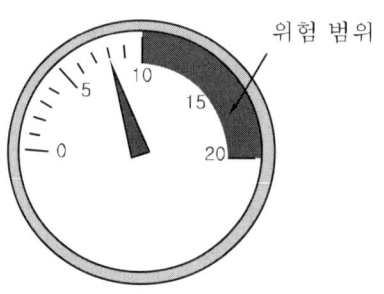

위의 계기가 _____파운드 이상에서 사용된다면 계기는 파괴될지도 모른다.

119 만약 부르동관이 설계 압력 이상에서 사용된다면 파손되거나 안전상 위험이 초래될지도 모른다. 관의 _____ 한계를 아는 것은 중요하다.

답 **116.** 압력 **117.** 하는 것이다 **118.** 15 **119.** 압력

120 측정하고 있는 _____의 압력 범위를 또한 알지 않으면 안 된다.

121 부르동관은 케이스가 보통 금속으로 되어 있다. 케이스는 먼지나 일기 변화로부터 관을 _____ 한다.

122 만약 관이 가압되거나 파손되면 공정 유체가 케이스 속으로 흘러나온다. 케이스의 압력은 (증가한다/감소한다).

123 이러한 압력 증강은 케이스를 _____하는 원인이 될 것이다.

124 과압을 방지하기 위하여 폭발 방지판(Blow-out disc)을 붙여 놓는 것이 좋다.

폭발 방지판

이 원판은 유리가 조업원의 얼굴에 휘몰아치는 것을 막도록 계기의 뒷면에 부착되어 있다. 압력이 케이스 안에서 증가할 때 유연성 _____ 은 계기의 케이스에서 밖으로 나오게 된다.

125 대기로 위험한 압력을 방출시킴으로써 원판은 _____을 방지한다.

---

120. 공정 **121.** 보호 **122.** 증가한다 **123.** 파손 **124.** 원판 **125.** 파손

126 부르동관은 계기에 손상을 줄 수 있는 유체가 흐르는 공정에 설치하여 사용할 때도 있다. 만일 스팀 라인에 직접 연결되어 있다면 뜨거운 _____는 직접 관으로 들어간다.

127 이때에 계기의 온도는 증가할 것이며 과도한 온도는 금속 부분을 _____시킬 수 있다.

128 높은 온도는 또한 금속 부분을 (팽창/수축)하게 하고 관의 특성을 변화시킬 수 있다.

129 이렇게 되면 계기는 _____하지 못하게 된다.

130 계기는 종종 너무 팽창하거나 너무 많이 움직여서 파손되는 경우가 있다. 계기는 너무 많이 _____ 않도록 안전 장치를 보유하는 경우도 있다.

131 과도한 움직임을 _____하는 장치는 보통 기계적인 구조로 만들어져 있다.

답 **126.** 증기 **127.** 손상 **128.** 팽창 **129.** 정확 **130.** 움직이지 **131.** 방지

132 아래의 압력 계기는 모두 과도한 움직임을 방지하는 장치가 달려 있다.

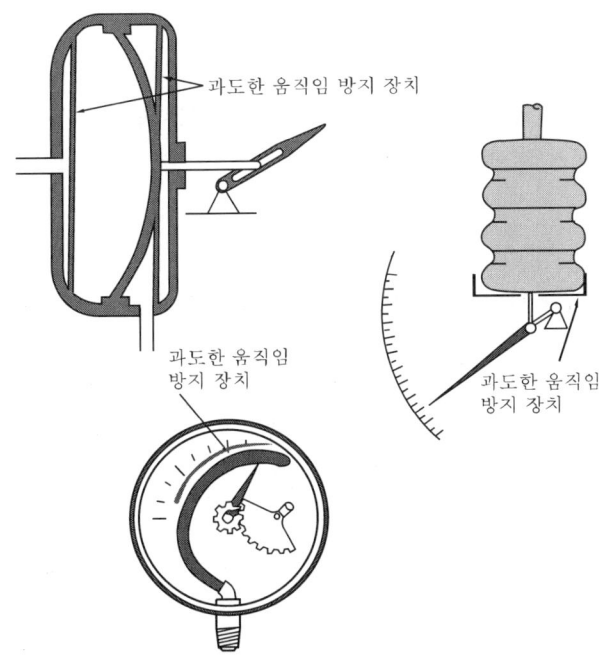

이 보호 장치는 _____ 요소가 과도하게 움직이는 것을 방지한다.

133 압력이 너무 과도하게 작용하면(200% 이상) _____한 압력을 보호하는 장치도 계기를 보호할 수 없다.

134 계기는 공정에 올바로 연결되어야 한다.
연결 부분이 죄어져 있지 않으면 그 부분에서 _____이 생길 수 있다.

135 이와 같이 누출(Leak)이 있으면 계기 지시도 정확하지 않게 되므로 연결 부분은 꼭 _____ 주어야 한다.

답   132. 팽창   133. 과도   134. 누출   135. 죄어

136 테플론 테이프는 파이프의 나사 부분에서의 이러한 누출을 _____하는 데 사용된다.

137 계기를 손으로 잡고 죄어 주거나 풀어서는 안 된다. 항상 렌치를 사용하여야 한다. 계기가 비뚤어지면 지시는 _____하지 않을 수 있다.

138 압력을 측정하려면 계기에 부착된 밸브는 열려 있어야 한다.

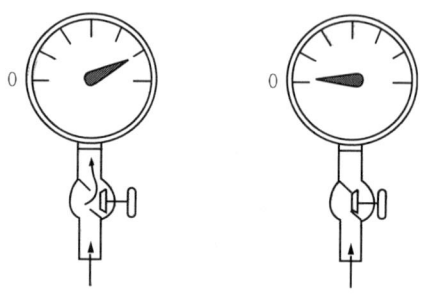

만일 밸브가 닫혀 있으면 _____은 계기에 전달되지 못한다.

139 라인을 조리하거나 청소할 때는 이 밸브는 닫혀 있어야 한다.
계기를 뗄 때는 반드시 밸브를 잠그고 떼어야 한다.
계기를 떼기 전에 압력이 0이 되는가 꼭 확인하여야 한다.
다시 계시를 사용할 때는 밸브를 천천히 _____ 한다.

140 계기에 연결된 라인이 막혀 있으면 지시가 _____할 수 있다.

141 압력의 급격한 변동 현상으로 계기가 무리하게 움직이는 수가 있다.
이런 때는 계기가 _____될 수 있다.

답 136. 방지 137. 정확 138. 압력 139. 열어야 140. 부정확 141. 약화

142 압력 완충 장치는 _____의 급격한 변동을 감소시키는 장치이다.

143 압력 진동도 역시 마찬가지 영향을 가져온다.

이때도 시침의 심한 진동으로 압력을 _____ 어려움을 느낀다.

144 수은 압력계는 부식성이 없는 액체로 밀폐되어 있다.

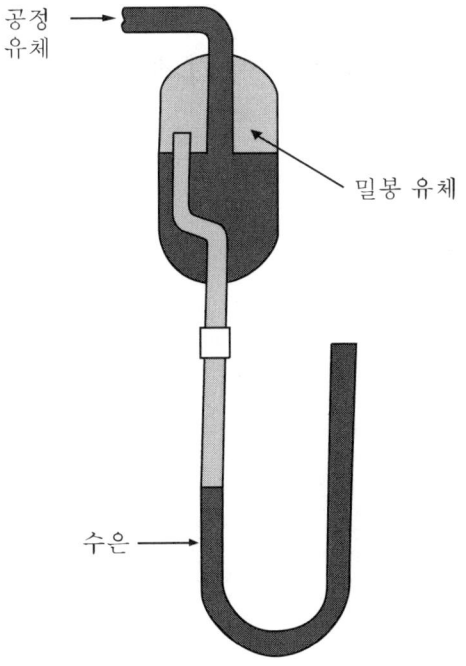

공정 압력은 _____을 통해서 수은에 전달된다.

답 142. 압력 143. 읽는 데 144. 밀봉 유체

145 이와 같은 진동도 또한 _____ 장치로 방지할 수 있다.

146 계기는 공정으로부터 멀리 연결될 수도 있다.

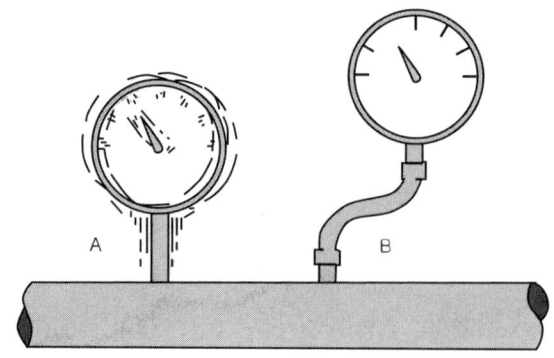

장치의 진동에 의한 영향은 (A/B) 계기가 적게 받는다.

147 이와 같이 진동의 영향을 방지하기 위하여 계기는 _____ 설치될 수도 있다.

답 **145.** 보호 **146.** B **147.** 멀리

4. 계기를 밀폐시키는 법
(How are Gages Sealed?)

148 어떤 유체는 압력계의 금속을 손상시킬 수 있다. 이런 경우에는 이 유체가 직접 _____에 접촉하지 않도록 해야 한다.

149 계기를 공정으로부터 분리시키려고 돼지꼬리 모양의 사이펀(Pigtail siphon)이 연결되어 있다. 사이펀은 증기가 계기에 전달되기 전에 _____시킨다.

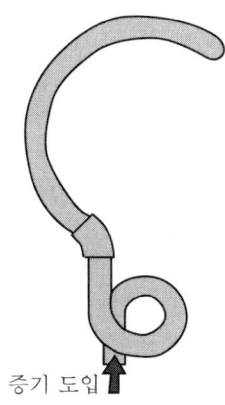

증기 도입

150 그러나 공정 액체는 계기에 꼭 전달되어야 한다.
압력은 마개(Seal)를 통해서 _____에 전달되어야 한다.

151 공정 액체는 계기 액체와 (접촉한다/접촉하지 않는다).

---

148. 계기 149. 응축 150. 계기 151. 접촉하지 않는다

152 부르동관 또한 밀봉된다.

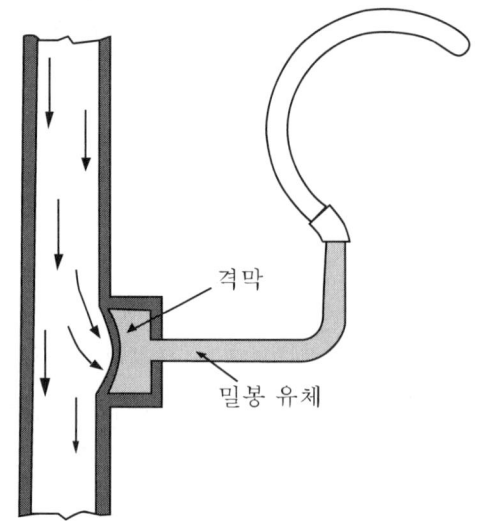

_____은 압력을 밀봉된 액체로 전달한다.

153 그래서 공정 압력은 _____를 통하여 계기에 전달된다.

152. 격막   153. 밀봉유

5. 압력 측정값의 해독
(Interpreting Pressure Readings)

154 정유공장 조업은 보통 대기보다 얼마나 압력이 높고 낮은가에 달려 있다. 대개의 압력 계기는 계기의 0이 대기 압력 즉 _____ASIA(절대 압력)가 되도록 눈금이 매겨져 있다.

155 계기에 나타나는 압력을 계기 압력(Gage pressure)이라고 한다(약하여 PSIG 라 함). PSIG는 Per Square Inch _____의 약어이다.

156 계기 압력이란 공정의 전 압력을 의미하는 것이 아니다.
전 압력이란(절대 압력) 계기 압력에 _____을 더한 것이다.

157 PSIA란 Per Square Inch _____의 약어이다.

158 절대 압력이란 계기 압력에 대기압을 더한 것이 된다.
PSIA = PSIG + _____

159 만일 계기가 10을 가리키면 이 공정의 절대 압력은 _____PSIA이다.

---

154. 14.7 **155.** Gage **156.** 대기압 **157.** Absolute **158.** 14.7 **159.** 24.7

160 이 계기는 12PSIG를 가리키고 있다.

이때에 공정의 절대 압력은 _____ PSIA이다.

161 절대 압력은 계기 압력에 14.7을 더한 것이 된다.
계기 압력은 절대 압력에 14.7을 (더한/뺀) 것이 된다.

162 즉, PSIG = ___①___ - ___②___

163 공정의 절대 압력이 64.7PSIA이면,
계기 압력은 _____ PSIG이다.

164 탱크 내의 절대 압력이 14.7PSIA이면
PSIG = _____

답 **160.** 26.7 **161.** 뺀 **162.** ① PSIA ② 14.7 **163.** 50 **164.** 0

6. 복습 및 요약
(Review and Summary)

165 다음 계기의 명칭을 기입하여라.

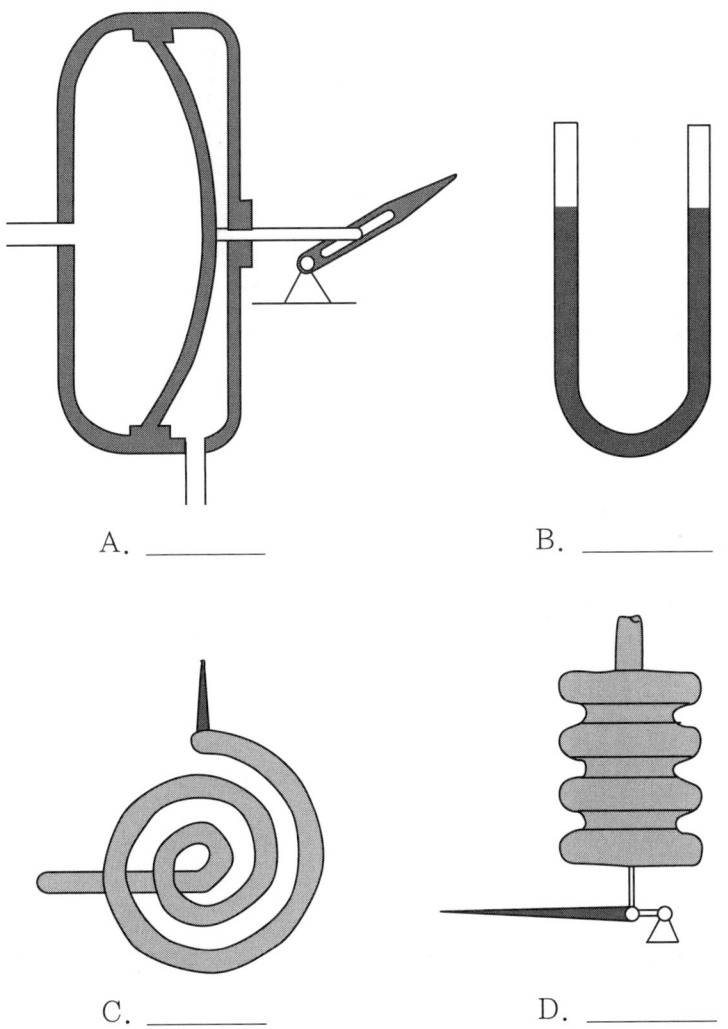

A. _____   B. _____

C. _____   D. _____

166 위의 부르동관은 (와선형/나선형/C자형)이다.

답 **164.** 탱크 내의 절대 압력이 14.7PSIA이면, PSIG= 164. 0 **165.** A. 격막식 계기
B. 압력계 C. 부르동관 D. 주름통식 계기 **166.** 와선형

167 모든 계기는 팽창을 이용한 것인가?(그렇다/그렇지 않다).

168 아래의 그림을 보아라.

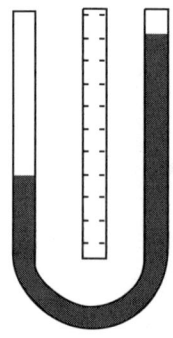

이 압력계는 (절대 압력/압력차)를 측정한다.

169 압력계는 다음과 같은 이유로 부정확하거나 못쓰게 된다.
장치로부터 ____①____ 유체, 라인이 ____②____ 것, 그리고 압력이 심하게 ____③____ 하는 것 등이다.

170 계기는 _____ 상태로 오래 두면 안 된다.

171 밀봉 유체나 돼지꼬리 모양의 사이펀은 _____ 유체를 _____ 속으로 들어가지 않게 해 준다.

---

167. 그렇지 않다 **168.** 압력차 **169.** ① 새는 ② 막히는 ③ 진동 **170.** 한계를 넘는
171. ① 공정 ② 계기

172 다음의 기압계를 보아라.

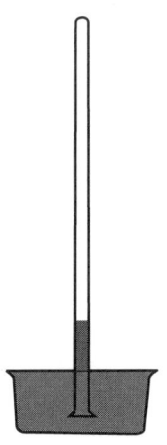

이것은 (절대 압력/압력차)을 측정한다.

173 O표를 한 부분을 _____이라고 한다.

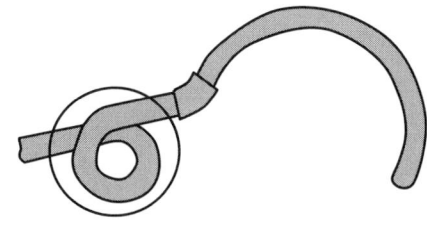

174 PSIA=PSIG(+/−) 14.7

---

172. 절대 압력 173. 돼지꼬리 모양의 사이펀 174. +

CHAPTER 03

온도 계기
(Temperature Instrument)

1. 온도란 무엇인가?(What is Temperature?)

001 모든 분자는 끊임없이 운동하고 있다.

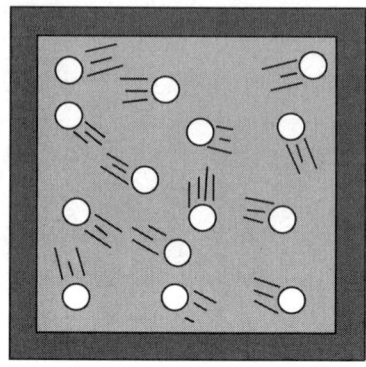

이 메탄 분자는 (움직이고/움직이고 않고) 있다.

002 우리는 메탄 분자가 모든 방향으로 운동하고 있는 것을 알고 있다. 탱크 속의 가솔린 분자도 운동하고 있는가? (있다/있지 않다).

003 문 1의 분자는 (한 방향/여러 방향)으로 운동하고 있다.

004 고체 소금의 분자도 운동하고 있는가? (있다/있지 않다).

005 어떤 분자라도 그것은 ① 없이 모든 ② 으로 운동하고 있다.

006 우리는 물질이 기체나 액체 또는 _____ 로 되어 있다고 보통 생각할 수 있다.

답   1. 움직이고   2. 있다   3. 여러 방향   4. 있다   5. ① 끊임 ② 방향   6. 고체

007 기체나 액체 또는 고체인 모든 물질은 꼭 같이 운동하고 있는 분자로 되어 있다.
예컨대 공기는 주로 몇 가지 (기체/액체/고체)의 혼합물이다.

008 하나의 물질, 예를 들어 물은 기체, 액체 또는 고체로 존재할 수 있다.

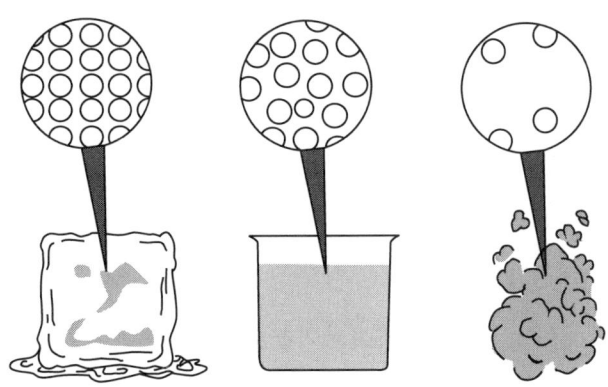

얼음은 ____①____ 이다.
물은 ____②____ 이다.
증기는 ____③____ 이다.

009 형태는 서로 다르지만 얼음, 물 및 증기는 모두 _____ 이다.

010 얼음은 대단히 차다고 생각한다.
증기는 대단히 _____.

011 액체 상태의 물은 증기보다 차고 얼음보다는 따뜻하다.
고체 상태의 얼음에 _____ 을 가하여 액체 상태의 물로 바꿀 수 있다.

답 7. 기체 8. ① 고체 ② 액체 ③ 기체 9. 물 10. 뜨겁다 11. 열

012 액체 상태의 물에 _____을 가하여 증기로 만들 수도 있다.

013 어떻게 증기를 물로 바꿀 수 있는가?
　　　A. 열을 빼앗아서
　　　B. 열을 더해서

014 프로판은 원래 _____이다.

015 기체 상태의 프로판을 액화시키려면?
　　　A. 충분히 열을 가한다.
　　　B. 충분히 열을 빼앗는다.

016 액화 가솔린을 기화시키려면?
　　　A. 충분히 열을 가한다.
　　　B. 충분히 열을 빼앗는다.

017 물질은 조건에 따라 액체, 고체 또는 기체로 될 수 있다.
　　　가솔린을 기체로 만드는 것보다 나무를 기체로 만드는 것이 열을 _____ 필요로 한다.

답 12. 열 13. A 14. 기체 15. B 16. A 17. 많이

018 다음의 그림은 물질의 세 가지 상태를 보여 준다.

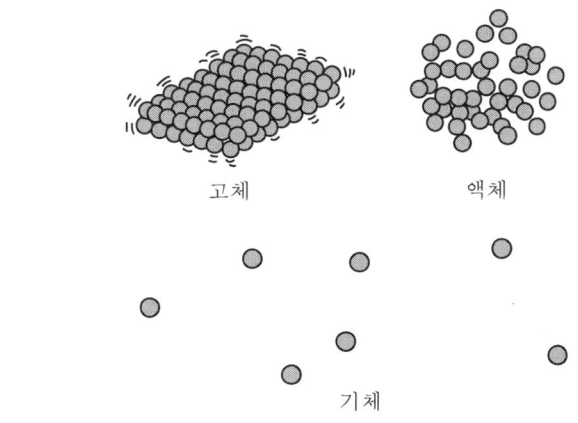

그 다른 점은 분자 사이의 _____ 이다.

019 구성 분자의 거리가 가장 먼 것이 _____ 분자이다.

020 고체 분자들은 (자유롭게 움직이는/흔들리는) 것같이 보인다.

021 분자들은 서로 끌어당기는 인력을 갖고 있다.
또한 (서로 끄는/서로 떠미는) 반발력을 갖고 있기도 하다.

022 _____ 분자 사이에서 인력이 가장 강하다.

023 _____ 분자 사이에서 반발력이 가장 강하다.

024 어떤 분자가 가장 잘 움직일 수 있는가? (기체/액체/고체)

---

18. 거리 또는 간격 **19.** 기체 **20.** 흔들리는 **21.** 서로 떠미는 **22.** 고체 **23.** 기체 **24.** 기체

25 프로판 가스가 꽉 찬 탱크를 생각할 때 탱크 내부는 거의 (분자/빈 공간)이다.

26 열은 분자를 움직이게 한다.
만일 보다 많은 열을 가했다면 분자들은 (빠르게/느리게) 움직인다.

27 열은 열에너지(Thermal energy)이다.
빠르게 움직이는 분자는 천천히 움직이는 분자보다 (많은/적은) 열에너지를 갖고 있다.

28 냉각은 분자로부터 에너지를 제거하는 것이다. 그것은 분자의 속도를 (증가/감소)시키는 것이다.

29 만일 높은 에너지의 가스로부터 충분히 에너지를 빼앗는다면 그것은 (냉각/속도가 증가)된다.

30 더욱 많은 에너지를 빼앗는다면 그것은 (빙결/속도가 더욱 증가)된다.

31 분자가 갖고 있는 모든 에너지를 빼앗는다면 어떻게 될까?
A. 극히 빠르게 된다.
B. 정지한다.

32 과학자들은 아직도 성공하지 못했지만 그들은 이런 점을 절대 "0"점이라고 부르고 있다.
절대 "0"점은 모든 분자의 운동이 _____ 되는 상태를 말한다.

답   **25.** 빈 공간   **26.** 빠르게   **27.** 많은   **28.** 감소   **29.** 냉각   **30.** 빙결   **31.** B   **32.** 정지

033 절대 "0"에서 분자는 열_____를 갖지 않는다.

034 온도는 운동하고 있는 분자가 갖고 있는 에너지의 양을 측정함으로써 측정된다.
단단한 분자는 충돌하게 되면 그 온도가 더욱 _____.

035 압력도 역시 에너지의 한 형태이다.
압력은 분자의 운동에 영향을 (준다/안 준다).

036 에탄이 차 있는 탱크가 있다.

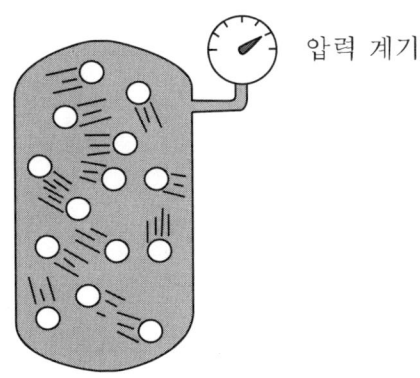
압력 계기

높은 에너지의 기체 분자들은 (한 방향/모든 방향)으로 빨리 움직인다.

037 움직일 때에 분자들은 _____의 벽에 또는 서로 충돌한다.

038 그 충돌은 아주 미소한 충격 즉 힘(Force)을 발생한다.
한 개의 분자의 미는 힘을 느낄 수 있는가? (있다/없다).

답 33. 에너지 34. 높아진다. 35. 준다 36. 모든 방향 37. 탱크 38. 없다

039 압력은 이 작은 힘의 전체가 inch²에 대하여 작용하는 힘을 말한다.
압력은 (힘/단위 면적당 힘)이다.

040 압력이나 온도는 움직이는 _____의 힘을 측정한다.

041 다음의 측정값은 얼마나 많은 분자가 측정 계기에 충돌하는가를 말하고 있는가?
① 75°F   ② 14.7PSI의 압력   ③ 물의 빙점

042 압력은 (한 방향/모든 방향)으로 작용한다.

043 프로판 가스를 탱크에 넣고 밀폐시킨 다음 열을 가하면 열에너지는 _____한다.

044 또한 분자는 (빨리/천천히) 움직인다.

045 용기의 벽과 충돌하는 분자의 충돌 횟수는 _____하게 된다.

046 압력은 (증가/감소)한다.

047 우리는 열에너지와 압력 에너지 사이에 일정한 관계가 (있다/없다)는 것을 알 수 있다.

답 39. 단위 면적당 힘 40. 분자 41. ① ○ ② ○ ③ ○ 42. 모든 방향
43. 증가 44. 빨리 45. 증가 46. 증가 47. 있다

048 열에너지와 압력 에너지와의 관계를 보자.

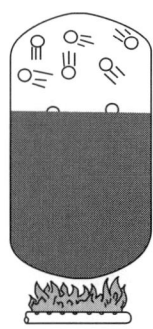

열에너지를 많이 주면 물은 _____.

049 액체가 끓으면 분자는 표면에서 뛰어나와 _____로 된다.

050 분자들 사이의 간격이 크기 때문에 기체 분자는 액체 분자보다 운동 범위가 (크다/작다).

051 다른 곳으로 더 들어갈 곳이 없으면 탱크의 압력은 _____한다.

052 액체가 기화함에 따라 기체 분자는 남은 액체에 힘을 미치게 된다.

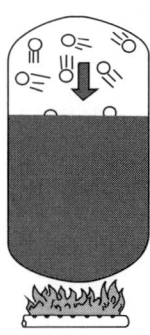

이제 액체 분자는 액체에서 공간으로 나가기가 (쉽다/어렵다).

---

48. 끓는다 **49.** 기체 **50.** 크다 **51.** 증가 **52.** 어렵다

053 계속하여 끓이려면 온도를 _____시켜 주어야 한다.

054 압력이 증가함에 따라 끓는 온도는 _____시켜 주어야 한다.

055 분자가 측정 계기에 부딪칠 때 온도는 측정된다.
분자가 세게 때리면 온도는 _____ 기록된다.

056 온도를 올리려면 분자가 어떤 면적을 자주 때려야 한다.
밀폐된 용기 속의 온도가 증가하면 분자는 자기가 가진 에너지 이상으로 팽창할 수 (있다/없다).

057 그래서 분자는 주위를 더 운동하고 용기를 더 자주 때리게 된다.
압력은 (증가/감소)한다.

058 온도 측정기를 분자들 속에 넣으면 더 (높은/낮은) 온도가 측정된다.

059 압력이 변하면 팽창하는 압력 계기가 있다.
팽창 요소에 의한 온도 계기는 _____가 변화할 때 움직인다.

답 53. 증가 54. 증가 55. 높게 56. 없다 57. 증가 58. 높은 59. 온도

2. 팽창 요소 온도계
(Expandable-Element Thermometer)

(1) 모세관(The Capillary Tube)

060 이 온도계에서는 내부 수은주의 팽창하는 정도로 온도를 가리킨다.

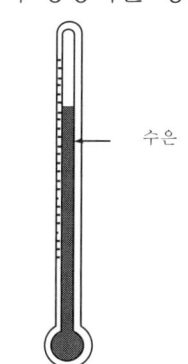

온도가 증가하면 분자는 _____ 움직인다.

061 운동이 증가함에 따라 분자들은 팽창한다.
분자들은 (더 많은/더 적은) 공간을 차지한다.

062 물질 온도가 올라가면 그것은 보통 (팽창/수축)한다.

063 온도가 올라가면 수은은 ___①___ 하고 온도가 내려가면 ___②___ 한다.

064 온도가 증가하면 관 속의 수은은 (더 많은/더 적은) 공간을 차지한다.

답   60. 빨리   61. 더 많은   62. 팽창   63. ① 팽창 ② 수축   64. 더 많은

065 액체 수은은 짜부라지지 않으므로 관 속의 수은은 _____ 된다.

066 온도가 올라가면 수은주는 _____.

067 기압계에서 수은주의 높이는 압력을 나타낸다.
온도계에서 수은주의 높이는 _____를 나타낸다.

068 기압계에서와 같이 모세관 온도계는 실용상 불리한 점이 있다.
넓은 범위의 온도를 측정하려면 모세관이 대단히 _____ 한다.

069 눈금을 읽으려면 관이 _____ 로 만들어져 있어야 한다.

070 긴 유리관은 쉽게 _____.

071 일정한 굵기의 관을 만드는 것도 힘들다.

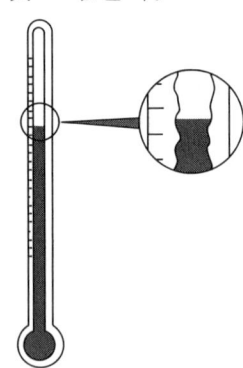

관의 굵기가 일정하지 않으면 눈금의 크기도 일정(하다/하지 못하다).

---

65. 올라가게 **66.** 높아진다. **67.** 온도 **68.** 길어야 **69.** 유리 **70.** 깨진다
71. 하지 못하다

(2) 충전형 온도계(Filled-System Thermometer)

072 온도가 증가하면 압력은 _____ 된다.

073 온도계 속의 유체가 미치는 _____을 측정함으로써 간접적으로 온도를 측정할 수 있다.

074 와선형 부르동관은 압력 측정에 흔히 사용된다.

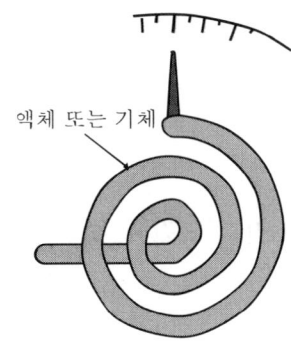
액체 또는 기체

이것은 _____ 측정에도 적합하다.

075 관 속은 액체나 기체로 채워 줄 수 있다.
온도가 증가할 때 분자의 운동은 빨라지고 내부의 압력은 _____ 한다.

076 증가된 압력은 관을 더욱 (구부러지게/펴게) 한다.

077 코일 형태가 늘어나면 관 끝의 시침이 오른쪽으로 돈다.
이 움직임이 문자판의 온도 지시를 _____ 시킨다.

---

72. 증가 73. 압력 74. 온도 75. 증가 76. 펴지게 77. 증가

078 온도가 감소하면 압력은 감소하고 코일은 다시 _____.

079 어떤 종류의 충전식 온도계는 증기분을 발생시킨다.

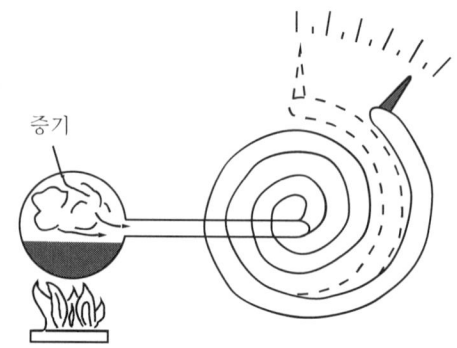

_____ 압력의 변화는 코일을 구부리거나 펴지게 한다.

080 액체가 열을 받으면 증기가 생긴다.
온도가 증가하면 증기의 양이 _____ 한다.

081 증기가 증가하면 관 속의 압력은 _____ 한다.

082 압력이 증가하면 온도도 _____ 된 값을 나타낸다.

(3) 온도계의 보호
(How are Thermometers Protected?)

083 모세관이나 또는 부르동관 온도계는 연약해서 _____에 주의해야 한다.

답 78. 구부러진다 79. 증기 80. 증가 81. 증가 82. 증가 83. 충격

084 아래의 온도계를 보아라.

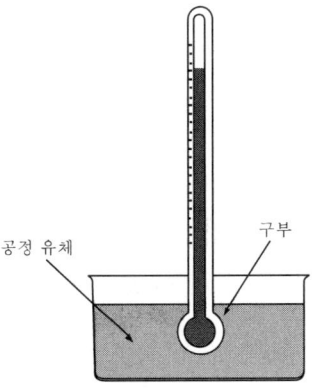

온도계의 _____ 에는 팽창되는 물질이 들어 있다.

085 온도를 측정하기 위해서는 온도계의 구부(Bulb)를 공정에 접촉해 (주어야 한다 /줄 필요가 없다).

086 온도를 측정하기 위해서는 _____를 공정에 접촉시키거나 가까이 해야 한다.

087 아래의 온도계를 보아라.

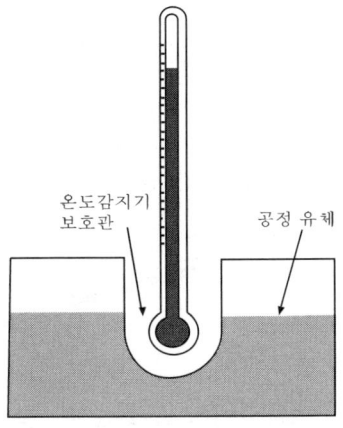

구부가 공정 물질 때문에 깨어질 염려가 있을 때는 _____을 사용해 준다.

답 **84.** 구부 **85.** 주어야 한다 **86.** 구부 **87.** 온도감지기 보호관(Thermowell)

088 온도감지기 보호관은 온도계를 _____ 한다.

089 온도감지기 보호관이 없으면 온도계를 압력의 손실 없이 공정계로부터 _____ 수 없다.

090 온도감지기 보호관은 부식성 액체에서 온도를 측정하는 데 (사용된다/사용되지 않는다).

091 온도감지기 보호관은 _____ 유체가 압력계를 보호하듯이 온도계를 보호한다.

(4) 바이메탈 온도계(Bimetallic Thermometer)

092 기체 또는 액체는 온도가 변함에 따라 팽창 및 수축한다.
고체는 온도가 변함에 따라 (팽창한다/팽창하지 않는다).

093 모든 고체는 열이 가해지면 팽창하는데 그 비율이 다르다.
같은 온도에서 철과 구리는 같이 (팽창한다/팽창하지 않는다).

094 팽창하는 성분은 온도계에 이용할 수 있다.

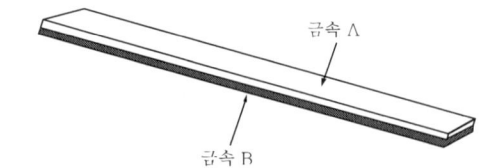

바이메탈은 _____의 상이한 금속을 꽉 붙인 것이다.

---

88. 보호 **89.** 떼밀어낼 **90.** 사용된다 **91.** 밀봉 **92.** 팽창한다
93. 팽창하지 않는다 **94.** 두 가지

095 열을 가하면 두 금속은 팽창한다.
그러나 두 금속은 서로 _____ 비율로 팽창한다.

096 금속 A가 금속 B보다 더 빨리 팽창한다고 생각하자.

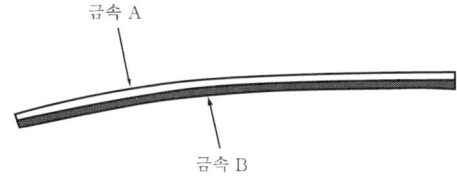

이제 금속 A는 금속 B보다 (길다/짧다).

097 전체의 금속은 구부러진다.
온도가 계속하여 증가하면 금속은 계속하여 _____.

098 바이메탈만으로 온도 측정이 가능한가? (가능하다/불가능하다).

099 어떤 다른 _____ 장치가 필요하다.

100 바이메탈식 온도계는 온도를 측정 및 지시하는 데 금속의 팽창이 상이하다는 원리를 이용한다.

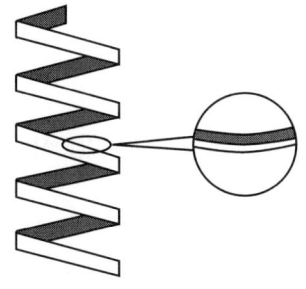

온도 검지 부분이 바이메탈로 되어 있고 _____ 모양으로 되어 있다.

---

95. 다른 96. 길다 97. 구부러진다 98. 불가능하다 99. 기록 100. 코일 스프링

101 코일의 온도가 증가하면 한 금속은 다른 금속에 비해 더 많이 팽창한다. 끝이 용접되어 있으면 용접되어 있지 않는 _____ 부분이 움직인다.

102 이 운동이 눈금 부분에 _____으로 지시된다.

103 이것은 케이스 속에 들어 있는 전형적인 바이메탈 온도계이다.

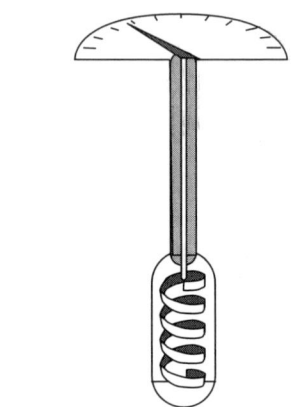

케이스는 바이메탈을 _____ 한다.

104 바이메탈 온도계는 압력을 이용하여 온도를 측정하는 (것이다/것이 아니다).

105 와선형 부르동관 온도계는 압력을 이용하여 온도를 측정하는 (것이다/것이 아니다).

106 와선형 부르동관에 누출하는 곳이 있으면 압력은 (감소한다/증가한다).

107 이렇게 되면 온도 지시는 (정확하다/정확하지 않다).

---

101. 코일 102. 지침 103. 보호 104. 것이 아니다 105. 것이다 106. 감소한다
107. 정확하지 않다

제3장 | 온도 계기(Temperature Instrument)

108 누출이 바이메탈식 온도계에서 문제되지 않는 것은 _____을 이용한 것이 아니기 때문이다.

109 구부가 움푹 들어가면 지시가 _____ 않다.

110 액체가 채워진 온도계는 바이메탈식 온도계보다 (평탄하다/평탄하지 않다).

111 코일 부분이 바이메탈일 때는 전부 같은 온도로 가열되어야 한다.
정확한 온도 측정을 하려면 축(Stem)을 _____ 공정 속에 넣어 주어야 한다.

(5) 복습(Review)

112 아래의 온도 측정 계기를 비교하여라.

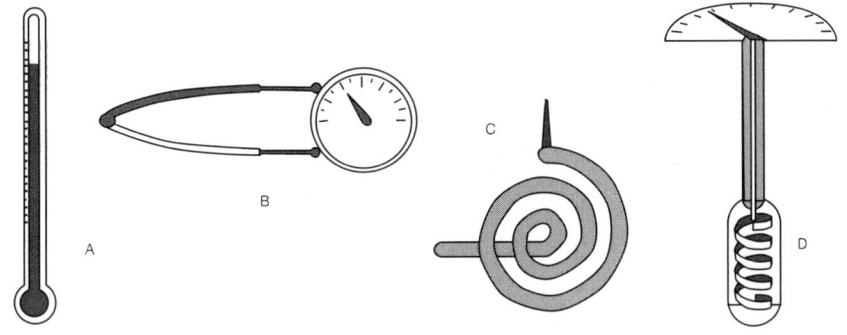

어떤 것이 금속이 서로 다른 비율로 팽창되는 원리에 따라 작동하는가?
(① A/B/C/D)
어느 것이 모세관 온도계인가? (② A/B/C/D)
어느 것을 증기로 채워 줄 수 있는가? (③ A/B/C/D)

---

108. 압력　**109.** 정확하지　**110.** 평탄하지 않다　**111.** 전부　**112.** ① D　② A　③ C

3. 전기 온도계(Electric Thermometer)

113 전기는 열과 압력과 같이 에너지의 한 형태이다.
열에너지는 _____ 에너지의 흐름이나 발생에 영향을 준다.

114 _____ 흐름의 변화로 온도를 지시하는 온도계를 만들 수 있다.

115 어떤 전기 온도계는 열에너지를 전기 에너지로 바꿀 수 있다.
이러한 온도계는 _____의 변화를 전기 에너지로 변화시킨다.

116 모든 물질은 전기의 흐름에 저항한다.
가열이나 냉각은 전기 흐름의 저항을 _____시킬 수 있다.

117 전기 온도계는
A. 전기의 양을 측정하는 것이다.
B. 전기 흐름의 저항 변화를 측정하는 것이다.
C. A, B 양쪽을 모두 측정하는 것이다.

118 전기 온도계는 0.0005°F까지 검지할 수 있다.
좋은 바이메탈 온도계는 1°F까지 검지할 수 있다.
(전기/팽창에 의한) 온도계가 더욱 민감하다.

답 113. 전기 114. 전기 115. 온도 116. 변화 117. C 118. 전기

(1) 전기란 무엇인가?(What is Electricity?)

119 모든 분자는 분자 자체를 전기적 중성으로 하기 위한 전자를 갖고 있다.

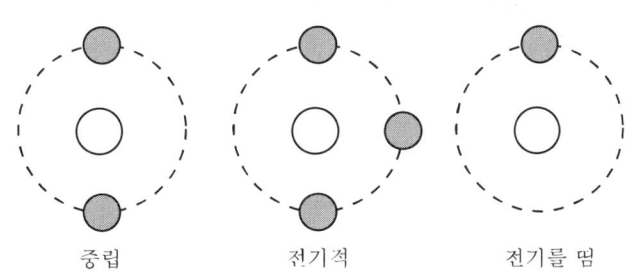

중립   전기적   전기를 띰

전자를 더하거나 빼내면 분자는 전기를 (띠게/띠지 않게) 된다.

120 전기란 이 전자의 흐름이다.
전기의 기본 단위는 _____이다.

121 전자는 전자가 많은 곳으로부터 적은 곳으로 이동한다.

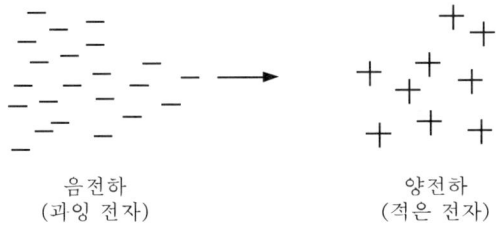

음전하   양전하
(과잉 전자)   (적은 전자)

전자가 (적은/많은) 곳이 음의 전하를 띠게 된다.

122 양의 전하는 전자가 (적은/많은) 곳에 생긴다.

123 전자는 ___①___ 극으로부터 ___②___ 극으로 이동한다.

---

119. 띠게   **120.** 전자   **121.** 많은   **122.** 적은   **123.** ① 음 ② 양

(2) 열전쌍은 어떻게 작용하나?
(How Does a Thermocouple Work?)

124 온도의 변화가 전자를 이동하게 한다.
이러한 온도 변화는 ___①___ 극과 ___②___ 극을 만들 수 있다.

125 온도가 많이 변화하면 할수록 전자의 흐름도 _____.

126 생긴 전하의 변화를 측정하여 _____를 측정할 수 있다.

127 아래의 열전쌍(Thermocouple)을 보아라.

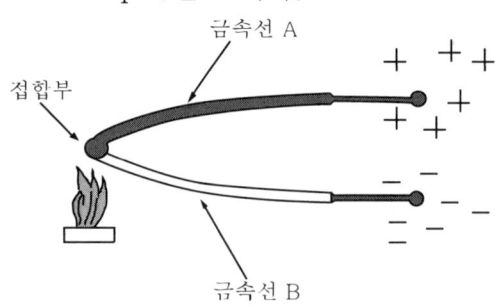

열전쌍은 끝이 연결된 _____의 금속선으로 되어 있다.

128 열전쌍이 접촉된 끝을 _____라고 한다.

129 접합부가 가열되면 전자가 흐른다.
끝을 떼어내면 한쪽 금속선은 ___①___, 또 다른 금속선은 ___②___으로 된다.

130 각 금속선은 (같은/다른) 극으로 충전된다.

답 **124.** ① 양 ② 음 **125.** 커진다 **126.** 온도 **127.** 두 개 **128.** 접합부(Junction)
    129. ① 양극 ② 음극 **130.** 다른

131 접합 부분과 떼어낸 부분 사이의 온도차가 크면 클수록 금속선 위의 전하는 더욱 (크게/작게) 된다.

132 전압이란 충전된 양을 말한다.
접합부가 가열되고 열린 부분도 가열되면 양쪽 금속선은 (같은/다른) 양이 충전된다.

133 두 금속선이 꼭 같이 충전되면 전압은 _____이다.

134 열전쌍은 접합부와 열린 부분과의 _____로 동작된다.

135 열린 부분의 온도를 일정하게 유지하는 것을 기준 온도라고 한다.
이 기준 온도는 항상 (같다/다르다).

136 아래의 열전쌍을 비교하여라.

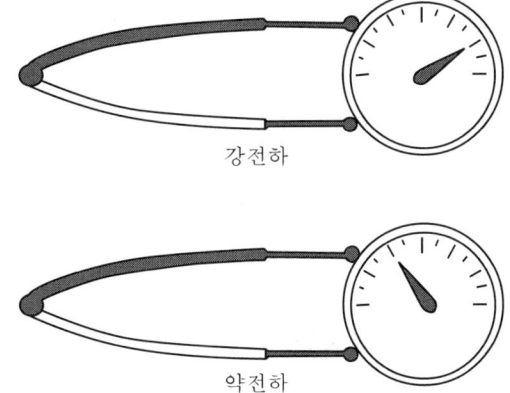

강하게 충전되면 (강한/약한) 전압을 지시한다.

답 131. 크게 132. 같은 133. 0 134. 온도차 135. 같다 136. 강한

137 접합부의 온도는 공정 정도에 따라 _____한다.

138 온도감지 보호관 안에 열전쌍이 공정과 공정이 접속되어 있는 것은 다음과 같다.
A. 측정 접합부
B. 기준점

139 온도가 결정되는 열전쌍의 부분은 다음과 같다.
A. 측정 접합부
B. 기준점

140 기준점의 온도에 따라 접합부의 온도는 그 유기되는 전압에 따라 결정된다.

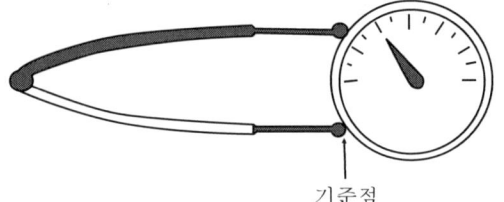

전압이 유기되지 않으면 측정부의 온도는 기준점의 온도(와 같다/보다 높다/보다 낮다).

141 많은 전압이 유기될수록 두 점 사이의 _____는 크다.

142 전압이 높아지면 (높은/낮은) 온도를 말한다.

답 137. 변화 138. A 139. B 140. 와 같다 141. 온도차 142. 높은

143 민감한 분압기(Potentiometer)는 이런 전압 측정에 사용된다.

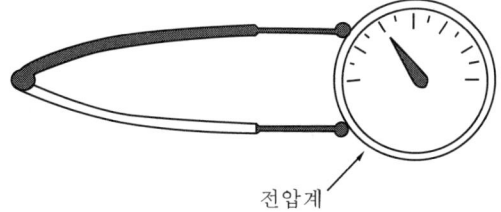

전압계

분압기는 열전쌍의 _____에 꽂아 준다.

144 분압기의 지시는 전압을 측정하기보다 _____를 측정한다.

(3) 열전퇴(Thermopile)

145 열전퇴란 여러 개의 _____을 직렬로 연결한 것이다.

146 터빈 배기부 세 곳의 온도를 측정한다면, 하나의 _____이 각 부분에 배치되어야 한다.

147 3개의 열전쌍이 한 개의 전압계에 직렬로 연결되어 있으므로 전압계는
A. 평균 온도를 나타낸다.
B. 세 가지의 다른 온도를 각각 나타낸다.

---

143. 기준점 **144.** 온도 **145.** 열전쌍 **146.** 열전쌍 **147.** A

148 아래의 그림은 같은 전압계를 사용한 몇 개의 열전쌍으로 되어 있는 열전퇴이다.

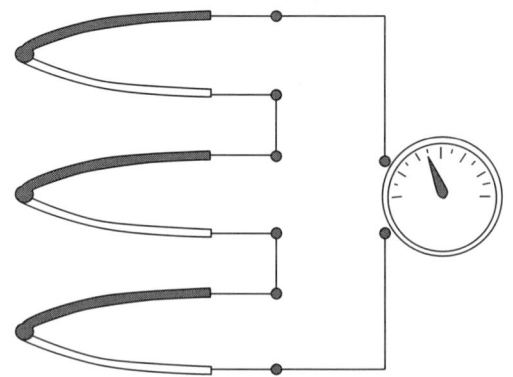

이들 열전쌍은 (직렬로/병렬로) 연결되어 있다.

149 (열전쌍/열전퇴)는 많은 곳의 평균 온도를 지시한다.

(4) 휴대용 고온계(Portable Pyrometer)

150 아래의 그림은 휴대용 고온계를 나타낸 것이다.

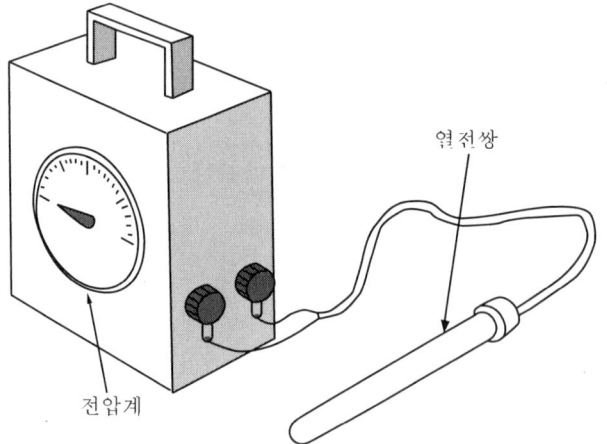

휴대용 고온계는 열전쌍과 민감한 _____ 로 구성되어 있다.

답 **148.** 직렬로 **149.** 열전퇴 **150.** 전압계

151 아래의 휴대용 고온계를 보라.

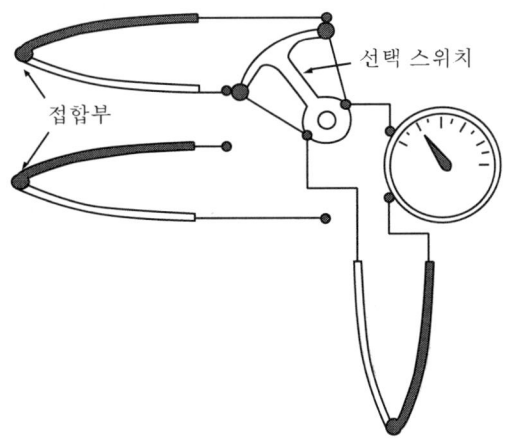

한 개의 전압계(Voltmeter)로 여러 개의 다른 열전쌍의 전압을 _____를 사용하여 읽을 수 있다.

152 이 계기는 비교하기 쉽도록 다른 _____와 가까이 둘 수 있다.

(5) 복습(Review)

153 아래에서 열전쌍 부품의 명칭을 기입하여라.

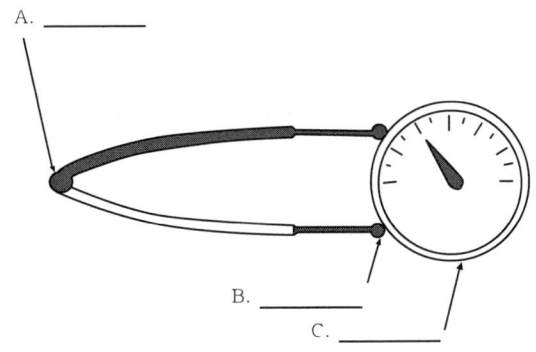

154 전압계는 전기적인 _____를 측정한다.

---

151. 선택 스위치 **152.** 계기 또는 온도 **153.** A. 접합부 B. 기준점 C. 전압계 또는 분압기 **154.** 전하

155 열전쌍은 (전압/저항) 변화 때문에 작동된다.

(6) 저항 소자(Resistance Element)

156 선의 온도를 변화시킬 때 그 저항은 선을 통하는 전류의 흐름을 _____시킨다.

157 온도를 안다면 정기적인 흐름을 갖고 백금과 같은 금속의 저항값을 알 수 있다.
30°F에서 전류의 흐름에 작용하는 백금의 저항값을 계산할 수 (있다/없다).

158 또한 전류의 흐름과 백금의 _____에 의해 그 온도를 계산할 수 있다.

159 보통 금속은 열을 받으면 저항은 증가한다.
온도 상승은 금속의 정기적 흐름을 (쉽게/어렵게) 한다.

160 이것은 저항 소자 온도계이다.

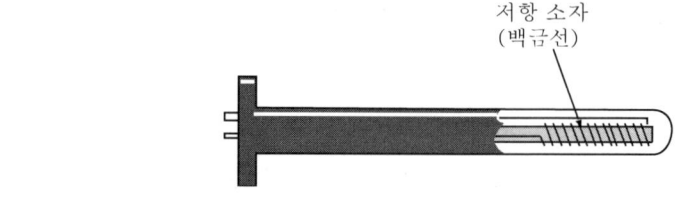

전류는 _____선을 통과한다.

161 온도를 변화시키면 선을 통과하는 전류의 흐르는 양도 _____한다.

---

155. 전압 **156.** 변화 **157.** 있다 **158.** 저항 **159.** 어렵게 **160.** 백금 **161.** 변화

제3장 | 온도 계기(Temperature Instrument) 85

162 선에 열을 가하면 저항은 (증가/감소)한다.

163 따라서 고온에서 전류는 (잘/잘못) 흐른다.

164 저항 소자는 전류의 흐름을 측정하여 _____를 측정할 수 있다.

165 저항 소자는 스스로 전압을 발생하지는 않는다.
_____는 외부에서 공급한다.

(7) 서미스터(Thermistor)

166 어떤 종류의 금속은 저온에서보다 고온에서 더 잘 전기를 통과시킨다.
이런 금속은 온도가 상승하면 저항이 (증가/감소)한다.

167 이 현상은 백금이나 그 밖의 금속과 (같은/반대)의 현상이다.

168 온도가 상승하면 저항이 감소하는 저항 소자 온도계를 서미스터라고 한다.
그래서 온도가 상승하면, 전류는 서미스터를 더 잘 (통한다/안 통한다).

169 서미스터는 다른 저항 소자 온도계와 어떻게 다른가?
A. 서미스터는 온도 상승에 따라 저항이 증가한다.
B. 서미스터는 온도 상승에 따라 저항이 감소한다.
C. 서로 같다.

---

162. 증가 **163.** 잘못 **164.** 온도 **165.** 전류 **166.** 감소 **167.** 반대 **168.** 통한다
169. B

170 서미스터 소자의 한 형태는 전류를 통과시키는 금속 산화물로 만든다.

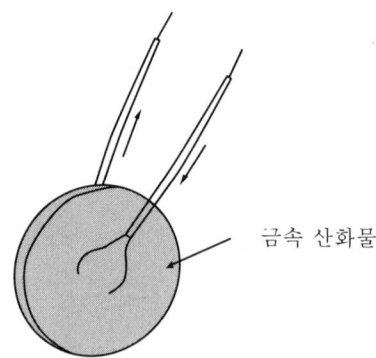
금속 산화물

뜨거운 산화물은 전류를 (잘/잘못) 통한다.

171 서미스터 소자를 통한 전류의 증가는 온도의 (높음/낮음)을 나타낸다.

172 외부 전원이 필요한 것은 다음과 같다.
   A. 저항 소자(백금 사용)
   B. 열전쌍
   C. 열전퇴
   D. 서미스터 소자

173 고온계는 다음과 같다.
   A. 열전쌍과 전압계
   B. 두 개의 열전쌍
   C. 저항 소자와 전압계

174 열전퇴는 다음과 같다.
   A. 저항 소자의 직렬 접속
   B. 열전쌍의 직렬 접속

답 170. 잘 171. 높음 172. B 173. A 174. B

175 아래에 나타낸 온도 지시계의 명칭은 무엇인가?

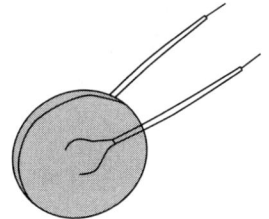

A. 금속 저항 소자   B. 서미스터

A. 금속 저항 소자   B. 서미스터

175. B, A

4. 복습 및 요약(Review and Summary)

176 분자는 (더울 때/찰 때) 운동이 활발하다.

177 다음의 계기를 보아라.

이 계기는
A. 부피 자체가 변하는 온도계이다.
B. 바이메탈 온도계이다.
C. 전기 온도계이다.

178 팽창 소자는 모세관 속에 들어 있는 _____이다.

179 아래의 계기를 보아라.

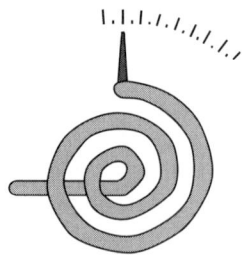

이 계기는 _____을 측정함으로써 온도를 측정해 준다.

답 **176.** 더울 때 **177.** A **178.** 수은 또는 액체 **179.** 압력

제3장 | 온도 계기(Temperature Instrument)

180 앞에서 본 온도계는 실제로는 _____이다.

181 이 관에는 _____나 기체를 채울 수 있다.

182 액체나 기체의 온도가 증가하면 압력이 _____한다.

183 아래의 계기를 보아라.

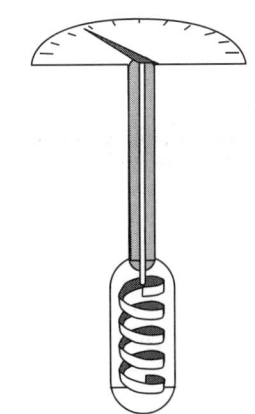

이것은 _____ 온도계이다.

184 이것은 금속의 _____한 팽창 성질을 이용한 것이다.

185 아래의 계기를 보아라.

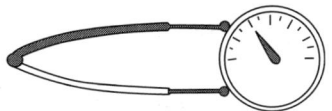

이 계기는 (전기/압력식) 온도계이다.

답 180. 부르동관 181. 액체 182. 증가 183. 바이메탈 184. 불균일 185. 전기

186 전기 온도계는 작은 전기량을 측정하려고 민감한 _____를 사용한다.

187 온도계를 부식이나 충격으로부터 보호하려면 _____을 사용한다.

188 아래의 전기 온도계의 이름을 기입하여라.

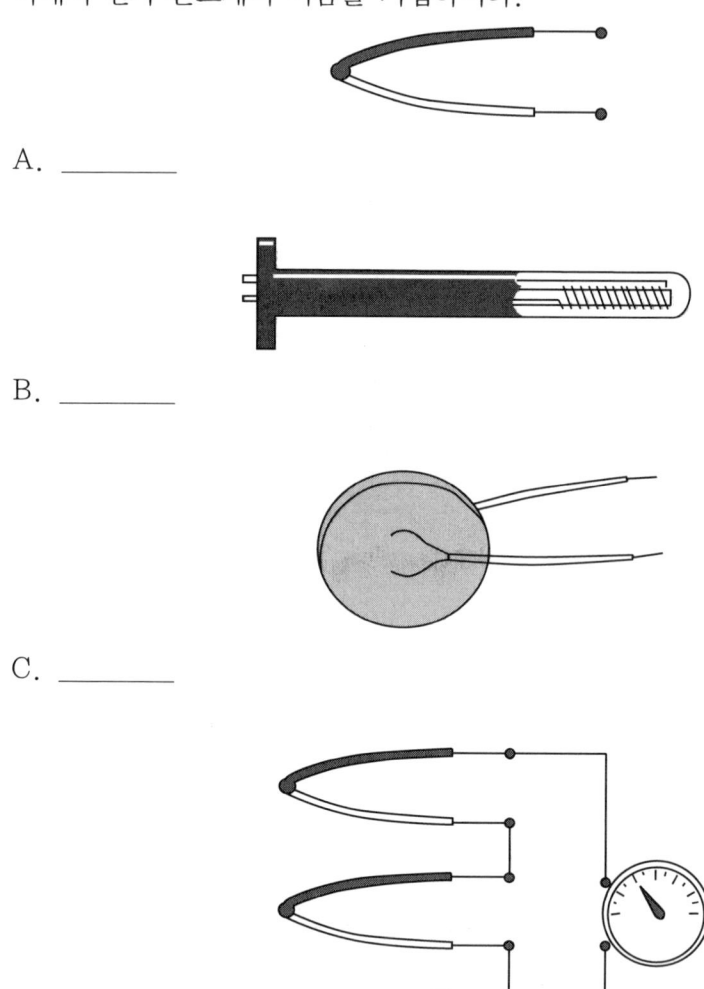

A. _____

B. _____

C. _____

D. _____

📖 **186.** 분압기 **187.** 온도감지 보호관 **188.** A. 열전쌍 B. 저항 소자 C. 서미스터 D. 열전퇴

189 아래의 계기의 부품의 이름을 기입하여라.

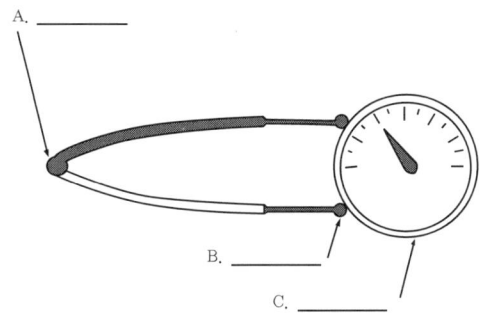

190 이것은 두 개의 (같은/다른) 금속선으로 되어 있다.

191 아래의 그림에서 휴대용 고온계는 어느 것인가?

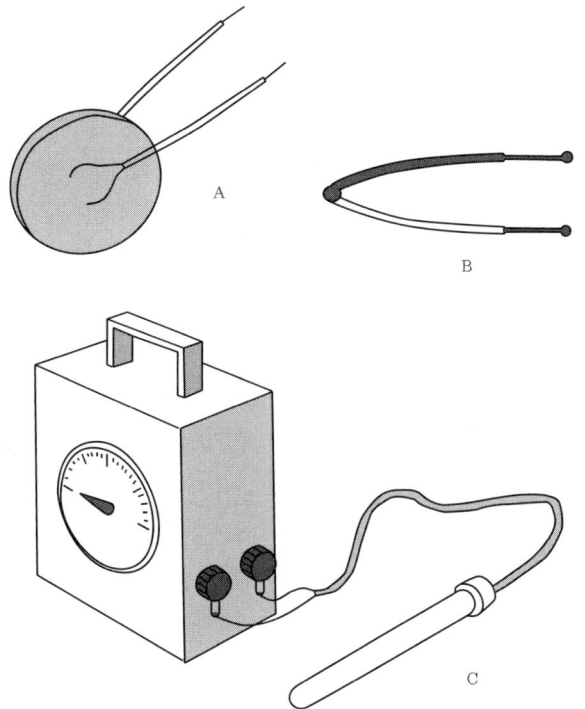

답 **189.** A. 접합부 B. 기준점 C. 전압계   **190.** 다른   **191.** C

PART 02

프로세스 제어용 계기
(Process Control Instrument)

1. 프로세스 제어
   (Process Control)
2. 신호의 전달
   (Transmission of Signal)
3. 경보 및 조업 중지 장치
   (Alarm and Shutdown Device)

CHAPTER 01

프로세스 제어
(Process Control)

1. 밸브(Valve)

001 온도, 압력, 액위(Level)는 공정 유체의 유량에 영향을 준다.
따라서 공정 유체의 유량을 변화시키면 역시 ___①___, ___②___ 또는 ___③___ 를 변화시킬 수 있다.

002 밸브는 유량을 조절하기 위하여 사용된다.
따라서 밸브를 조작하여 프로세스의 압력, 온도, 액위를 변화시킬 수 (있다/없다).

003 밸브는 라인에 설치된 조절 가능한 저항체라고 할 수 있다.
이 밸브는 프로세스 라인을 통하여 흐르는 유체의 유량을 _____ 한다.

004 밸브가 열렸을 때는 유량은 (증가/감소)한다.

005 밸브를 개폐하면 유량이 _____ 한다.

006 압력은 라인에서 유체를 흐르게 하는 힘(Force)이다.
따라서 압력은 _____ 나 또는 다른 저항체를 통하여 유체를 흐르게 하기 위하여 필요한 것이다.

007 예를 들면 유체가 오리피스를 통과하면 압력 강하가 (생긴다/안 생긴다).

답 1. ① 온도 ② 압력 ③ 액위 2. 있다 3. 조절 4. 증가 5. 변화 6. 밸브 7. 생긴다

008 밸브에 의하여 압력 강하가 (생긴다/안 생긴다).

009 밸브를 열면 유체를 흐르게 하는 힘이 (증가한다/감소한다).

010 아래의 그림에서 압력 강하는 (A/B)가 크다.

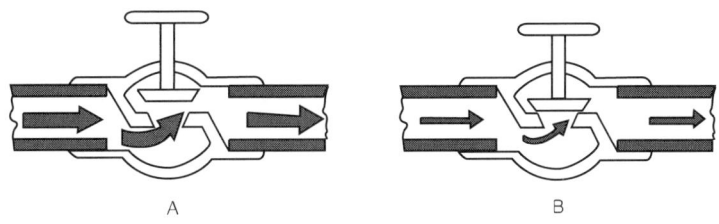

011 밸브는 라인의 유량과 _____을 조절할 수 있다.

012 아래의 그림에서 액체가 탱크로 펌핑될 때 탱크의 액위가 완전히 올라가면 _____는 반드시 닫혀야 한다.

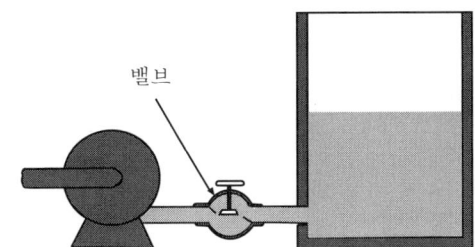

013 만약 액위가 너무 낮으면 밸브는 더 많은 유체를 채우기 위하여 열려야 한다. 따라서 밸브는 _____를 조절할 수 있다.

---

8. 생긴다 9. 감소한다 10. B 11. 압력 12. 밸브 13. 액위

014 밸브는 온도를 조절하기 위하여 사용된다.
아래의 그림에서 증기 코일을 통하여 흐르는 공기를 _____하기 위하여 사용된 것이다.

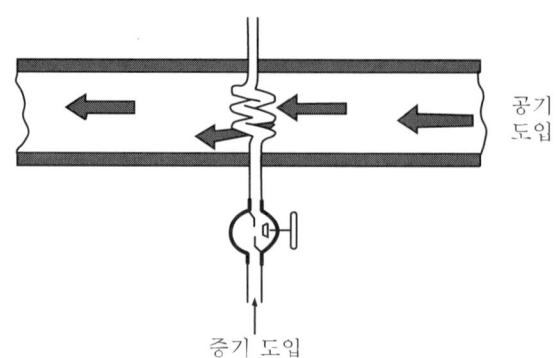

015 _____는 가열된 코일 주위로 흐르도록 되어 있다.

016 증기 코일의 밸브를 열어 줌으로써 더 많은 _____가 코일 안을 흐른다.

017 추가로 들어간 증기는 그만큼 공기에 _____을 주게 되는 것이다.

018 따라서 밸브를 열면 공기의 _____가 증가된다.

019 만일 공기의 온도를 낮추고 싶으면 증기 라인의 밸브를 _____면 된다.

020 따라서 밸브는 다음 네 가지의 프로세스 변화를 조절하는 데 사용될 수 있다.
　　　① _____　　　　② _____
　　　③ _____　　　　④ _____

---

14. 가열　15. 공기　16. 증기　17. 열　18. 열 또는 온도　19. 닫으
20. ① 흐름　② 압력　③ 온도　④ 액위

2. 수동식 밸브(Hand-Operated Valve)

21 밸브 몸체 내의 밸브 _____를 상하로 움직임으로써 유량을 조절한다.

22 밸브의 플러그는 밸브 _____에 붙어 있다.

23 밸브는 밸브의 _____ 을 돌림으로써 플러그의 위치가 변한다.

24 조업원이 밸브 수동 핸들(Handwheel)을 돌려서 조정하면 이 밸브는 (수동/자동) 밸브이다.

25 아래 그림은 수도꼭지 밸브와 같이 쉽게 볼 수 있는 밸브의 그림이다.

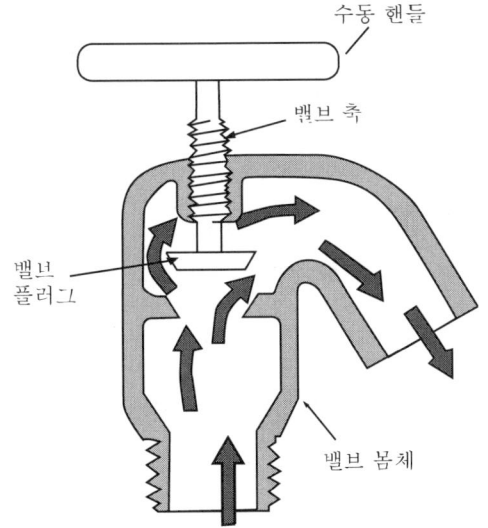

이 그림에서 액체는 밸브의 _____를 통하여 흐른다.

답   21. 플러그   22. 축   23. 수동 핸들   24. 수동   25. 몸체

026 밸브 설계는 무엇을 조절하느냐에 따라 달라진다. 프로세스가 다르면 밸브 설계가 (다르다/다르지 않다).

027 예를 들면 어떤 프로세스는 조절 밸브가 항상 완전히 열리거나 닫힌 상태로 되어 있어야 하는 경우가 있다. 이 밸브는 많은 다른 조정(Setting)이 (필요하다/필요하지 않다).

028 또 다른 예로서, 유량을 조금씩 조절할 필요가 있는 경우에는 많은 다른 조정이 (필요하다/필요하지 않다).

029 아래 그림에서 A 밸브는 대단히 빨리 열리고 닫힌다.
그러나 개구를 조정할 수는 없다.

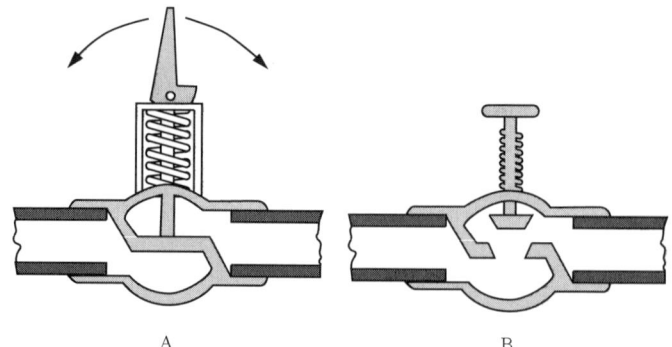

안전 밸브는 완전히 열리거나 닫힌 것의 둘 중 하나이어야 한다.
또한 _____ 동작해야 한다.

030 A 밸브는 좋은 조업 중지(Shutdown) 밸브가 (될 수 있다/될 수 없다).

031 B 밸브는 천천히 열리고 닫힌다. 또한 몇 가지 개구로 조정할 수 있다.
B 밸브는 안전 밸브로 (사용된다/사용되지 않는다).

답 26. 다르다 27. 필요하지 않다 28. 필요하다 29. 빨리 30. 될 수 있다
   31. 사용되지 않는다

제1장 | 프로세스 제어(Process Control) 101

032 밸브 플러그는 유량을 실제로 조정하는 밸브의 일부분이다.
용도가 다른 밸브의 _____는 각각 다르다.

033 예를 들면 증기 라인에 쓰이는 밸브 플러그는 오일 라인에 쓰이는 밸브 플러그와 (같다/다르다).

034 아래의 그림은 플러그가 틀린 밸브의 형태이다.

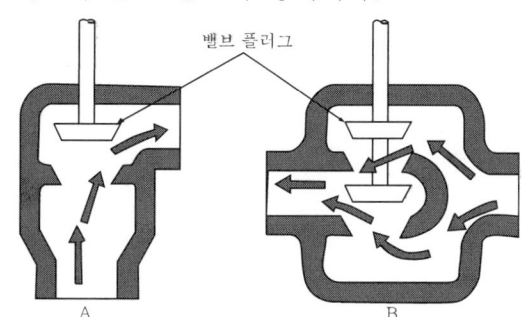

A 밸브는 플러그가 1개이고 B 밸브는 _____이다.

035 A 밸브는 _____ 밸브라고 한다.
B 밸브는 _____ 밸브라고 한다.

036 아래의 단좌 2방향 밸브를 보아라. 유체가 (아래로부터/위로부터/위 및 아래로부터) 흐른다.

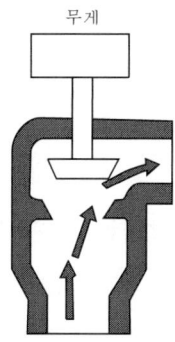

답 **32.** 플러그 **33.** 다르다 **34.** 2개 **35.** ① 단좌 2방향 ② 복좌 2방향
36. 아래로부터

037 유체가 들어오면 밸브 플러그에 압력이 가해져서 위로 민다.
만일 유체 압력이 충분히 크면, 단좌 2방향 밸브를 _____.

038 만일 유체 압력이 낮으면 밸브는 _____.

039 이때에 밸브는 _____이 일정한 값에 달하면 열리도록 되어 있는 것이다.

040 밸브는 유체의 압력이 조정 압력보다 _____면 열린다.

041 아래의 복좌 2방향 밸브에서 유체는 아래쪽 플러그의 양쪽으로 흐른다.
압력은

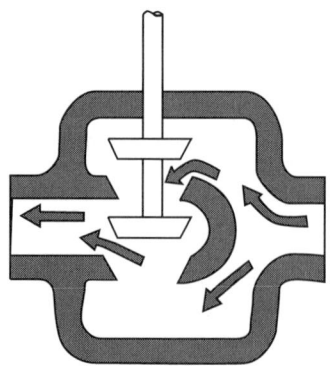

A. 플러그의 아래쪽이 세다.
B. 플러그의 위쪽이 세다.
A. 위아래가 같다.

042 프로세스 압력은 복좌 2방향 밸브를 (열 수 있다/열 수 없다).

043 고압 액체를 조절하기 위하여는 (단좌 2방향/복좌 2방향) 밸브가 좋다.

답 37. 연다 38. 닫힌다 39. 압력 40. 높으 41. C 42. 열 수 없다 43. 복좌 2방향

3. 플러그 콕 밸브(The Plug Cock Valve)

044 아래 그림은 플러그 콕 밸브이다.

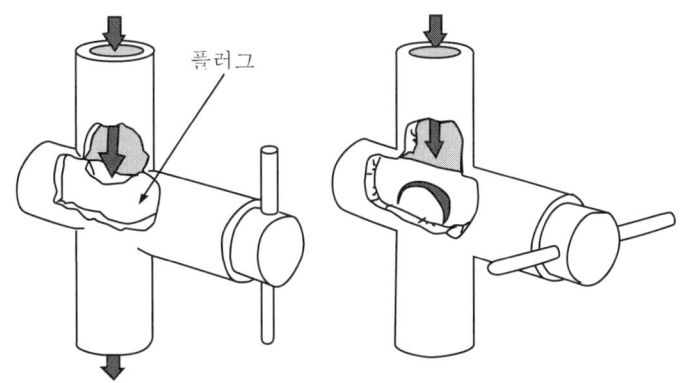

라인 속에 들어 있는 플러그에는 _____이 있다.

045 수동 핸들을 _____으로써 플러그는 유체 방향으로 돌게 된다.

046 유체를 흐르지 않게 하기 위하여 플러그의 _____이 유체 방향에 맞지 않도록 수동 핸들을 돌려야 한다.

답   44. 구멍   45. 돌림   46. 구멍

4. 나비모양 밸브(The Butterfly Valve)

047 아래의 그림은 나비모양 밸브이다.

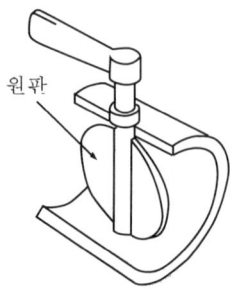

이 밸브는 파이프 구멍에 맞는 _____이 붙어 있다.

048 유량은 원판의 각도를 조절함으로써 변화시킬 수 있다.

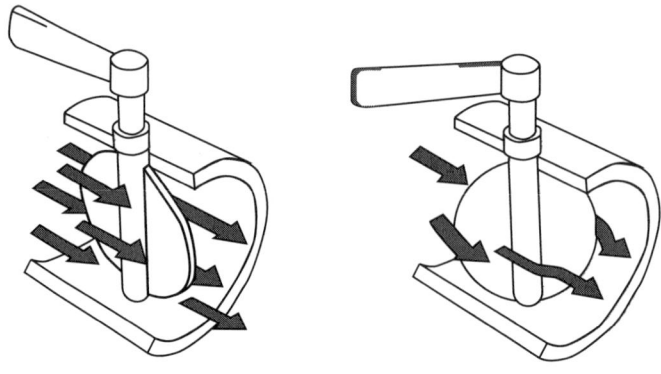

유량이 최대인 경우는 원판의 위치가
A. 파이프에 평행인 경우이다.
B. 파이프에 어떤 각을 유지할 경우이다.

049 나비모양 밸브는 완전 개방과 완전 폐쇄 사이에서 (조절할 수 있다/조절할 수 없다).

---

47. 원판 또는 나비모양 **48.** A **49.** 조절할 수 있다

050 플러그 콕 밸브와 나비모양 밸브는 플러그를 (올리고 내림으로써/돌림으로써) 유량을 조절할 수 있다.

답 50. 돌림으로써

5. 게이트 밸브(The Gate Valve)

051 아래 그림은 게이트 밸브이다.

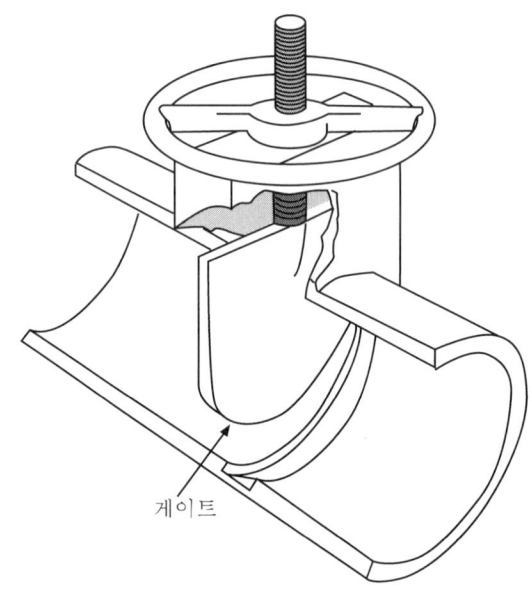

게이트

유량은 _____ 를 올리고 내림으로써 조절된다.

답   51. 게이트

6. 수동에 의한 프로세스 제어
(Controlling a Process by Hand)

052 밸브로 프로세스를 조절하기 위해서는 밸브를 조작하는 힘이 있어야 한다. 손으로 조절되는 프로세스는 _____이 밸브를 조작한다.

053 조업원(Operator)이 어떤 목표값에서 조업하도록 그 값이 주어진다. 목표값은 _____이라고도 한다.

054 다음은 전형적인 조절 예이다.

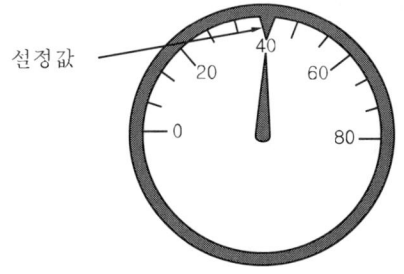

이 경우 밸브는 자동적으로 (동작한다/동작 안 한다).

055 조업원은 (유량/액위)를 조절하고 있다.

답 52. 조업원 53. 설정값 54. 동작 안 한다 55. 액위

056 조업원은 도입구(Inlet line)에 설치된 _____를 열고 닫음으로써 액위를 조절한다.

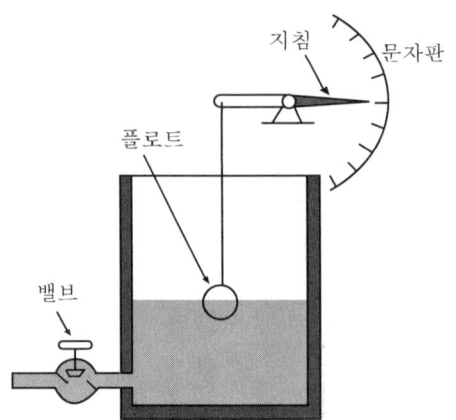

057 플로트는 액위를 측정한다. 이것은 액위를 _____ 위에 지시한다.

058 아래의 탱크에서 액위는 변하고 있다.

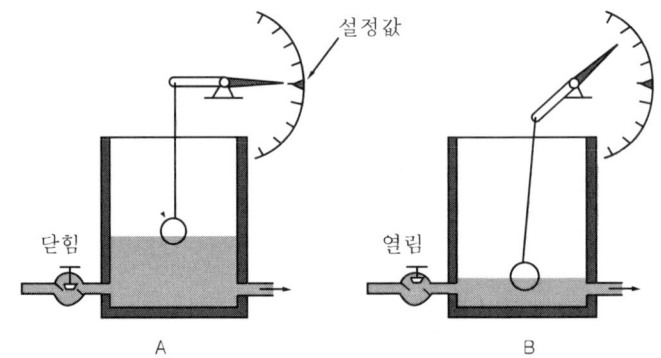

B에서 액위는 (감소하였다/증가하였다).

059 _____을 보면 액위가 낮다는 것을 알 수 있다.

답   56. 밸브   57. 문자판   58. 감소하였다   59. 문자판

060 액위를 설정값(Set point)까지 올리기 위해서는 밸브는 _____ 야 한다.

061 밸브는 자동적으로 (동작한다/동작 안 한다).

062 _____ 이 밸브를 열어야 한다.

063 밸브를 열면 액체는 탱크로 들어간다. 이것은 _____ 에 나타난다.

064 조업원이 밸브 개구(측정값)를 변화시키면 액위 지시계(Level indicator)는 그 결과를 나타낸다. 이 결과를 알지 못하면 조업원은 언제 밸브를 조절할 것인가를 (안다/모른다).

065 액위가 설정값에 달하면 조업원은
A. 밸브를 더 연다.
B. 밸브를 닫는다.

066 지시계는 조업원에게 결과를 되돌려 알려준다.
이 정보를 "피트백"이라고 한다. 조업원은 이 피드백을 (필요로 한다/필요로 하지 않는다).

067 조업원은 밸브를 _____ 얼마나 조절할 것인가를 알 필요가 있다.

답 60. 열려 61. 동작 안 한다 62. 조업원 63. 문자판 64. 모른다 65. B
66. 필요로 한다 67. 언제

068 손으로 액위를 조절하기 위하여 다음 사항이 필요하다. 즉 얼마의 값에 유지할 것인가 하는 ____①____, 탱크로 유체를 흐르게 하는 ____②____, 밸브를 열고 닫기 위한 ____③____ 에게 ____④____ 정보를 주기 위한 액위 지시계가 필요하다.

069 아래의 그림에서 가스 저장 탱크의 압력이 조절되고 있다.

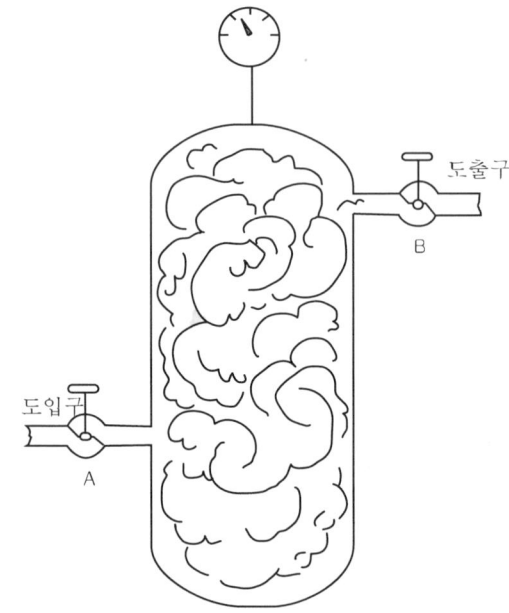

압력은 다음의 어느 경우에 낮아질까?
A. 가스를 탱크로 들여보낼 때
B. 가스를 탱크에서 내보낼 때

070 용기 내의 압력은 (A/B) 밸브가 열릴 때 낮아진다.

071 B 밸브가 열리면 압력계는 _____ 압력을 지시한다.

---

68. ① 설정값 ② 밸브 ③ 조업원 ④ 피드백 **69.** B **70.** B **71.** 낮은

072 압력이 너무 낮아지면 조업원은 _____ 밸브를 열어야 한다.

073 조업원은 피드백을 다음 어느 것으로부터 얻게 될까?
A. A 밸브
B. B 밸브
C. 압력계(Pressure gage)

074 아래의 그림에서 유량은 수동으로 조절된다.

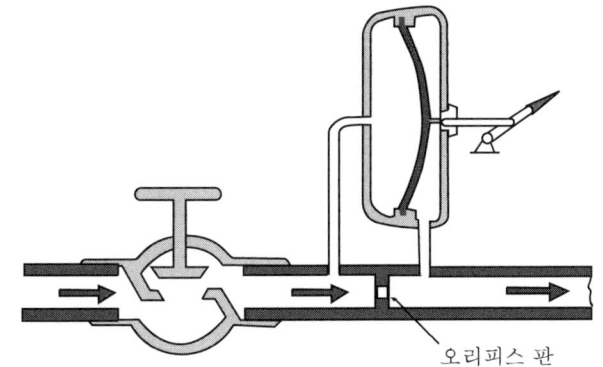

이 그림에서 오리피스 판은 라인 내에 _____ 를 일으킨다.

075 이 압력 강하는 (격막/주름 상자)식 미터에 의해서 측정된다.

076 유량이 증가한 경우를 생각해 보자.
격막은 (증가한/감소한) 압력 강하를 측정한다.

077 조업원은 _____을 보면 이것을 알 수 있다.

답 72. A 73. C 74. 압력 강화 75. 격막 76. 증가한 77. 문자판

078 조업원이 밸브를 조금 잠그면 유량이 (증가/감소)한다.

079 (격막식 미터/밸브)는 유량이 얼마나 변했는가를 알려준다.

답　**78.** 감소　**79.** 격막식 미터

7. 프로세스의 자동 제어
(Controlling a Process Automatically)

080 액위 지시계는 탱크 도입구 라인에 설치된 _____에 직접 연결되어 있다.

081 액위가 낮아지면 플로트는 탱크 안에서 아래로 내려온다. 이 내려오는 힘이 밸브를 (연다/닫게 한다).

082 따라서 많은 액체가 탱크 내로 진입한다.
만약 액체가 너무 올라가면 플로트는 위로 올라가고 밸브는 (닫힌다/열린다).

083 밸브나 측정 계기가 조업원에 의하지 않고 자동적으로 조절되는 경우가 있다.

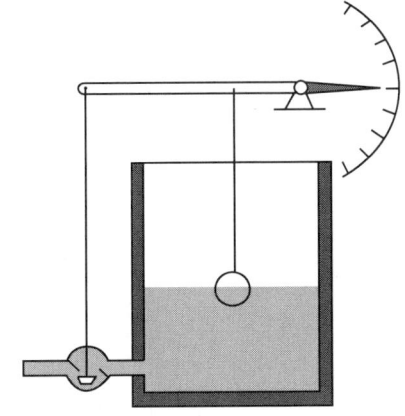

위의 그림은 _____ 조절되는 밸브를 보여 주는 그림이다.

084 결국 조업원이 밸브로 (조작한다/조작하지 않는다).

답 **80.** 밸브 **81.** 연다 **82.** 닫힌다 **83.** 자동적으로 **84.** 조작하지 않는다

085 아래의 그림은 압력을 자동적으로 조절하는 밸브이다.

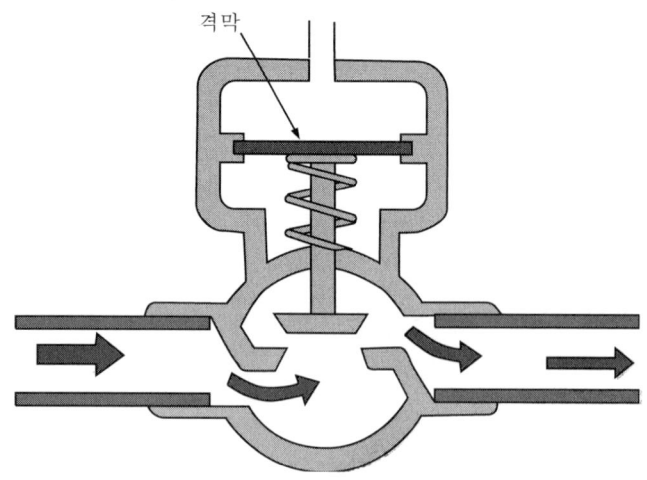

압력을 측정하는 계기는 _____ 계기이다.

086 밸브의 축(Stem)은 직접 _____에 연결되어 있다.

087 격막에 압력이 걸리지 않으면 밸브는 완전히 _____ 상태가 된다.

088 그러나 프로세스 압력이 증가하면 격막은 아래로 작용한다.
따라서 격막은 밸브를 _____.

089 압력에 의해서 생긴 _____이 실제로 조절 동작을 하는 것이다.

090 밸브를 동작시키기 위해서는 충분한 압력이 있어야 한다. 만약 하류쪽의 압력이 너무 _____, 밸브를 움직일 만한 충분한 힘이 없게 된다.

답 85. 격막식 86. 격막 87. 열린 88. 닫는다 89. 힘 90. 낮으면

091 종종 어떤 밸브는 _____을 외부로부터 받는 경우가 있다.

답 91. 압력

8. 격막식 공기 모터(Diaphragm Air Motor)

092 아래의 그림은 공기 모터에 의해 동작되는 밸브이다.

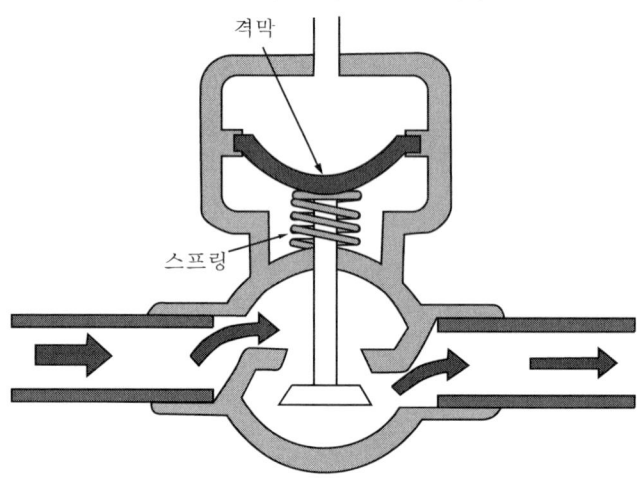

압력을 측정하는 계기(압력 동작 구조)는 _____ 계기이다.

093 공기 공급은 _____로부터 온다.

094 격막이 상하로 움직여 축을 움직이게 하고, _____가 열리고 닫히게 된다.

095 위로 향하는 _____의 힘은 밑으로 향하는 공기의 힘에 저항을 준다.

096 프로세스 압력이 감소되어야 한다면, 공기 압력도 _____되어야 한다.

답   92. 격막식   93. 외부   94. 밸브   95. 스프링   96. 감소

097 공기 압력을 낮추면 밸브는 _____.

098 밸브는 공기 압력이 스프링의 힘보다 _____ 때에 열린다.

099 일반적인 공기 압력은 최소 3PSI에서 최대 15PSI이다.
3PSI에서 밸브는 완전히 _____.

100 15PSI에서 이 밸브는 완전히 _____.

101 3PSI에서 15PSI 사이에서 밸브는 열리고 닫힌다.
따라서 _____PSI는 밸브의 감속 범위(Throttling range)를 뜻한다.

102 7PSI는 이 밸브의 감속 범위 안에 (있다/있지 않다).

103 25PSI는 감속 범위 안에 (있다/있지 않다).

104 공기 압력은 직접 프로세스와 관계가 없기 때문에, 밸브를 동작시키기 위한 힘은 _____ 압력에 직접 영향을 받지 않는다.

105 이 시스템은 프로세스 압력이 너무 _____ 밸브를 작동시킬 수 없을 때에 효과적이다.

답 97. 닫힌다 98. 강할 99. 닫힌다 100. 열린다 101. 3~15 102. 있다
103. 있지 않다 104. 프로세스 105. 낮아

9. 피스톤식 공기 모터(Piston Air Motor)

106 또 다른 밸브 동작용 공기 모터가 있다.

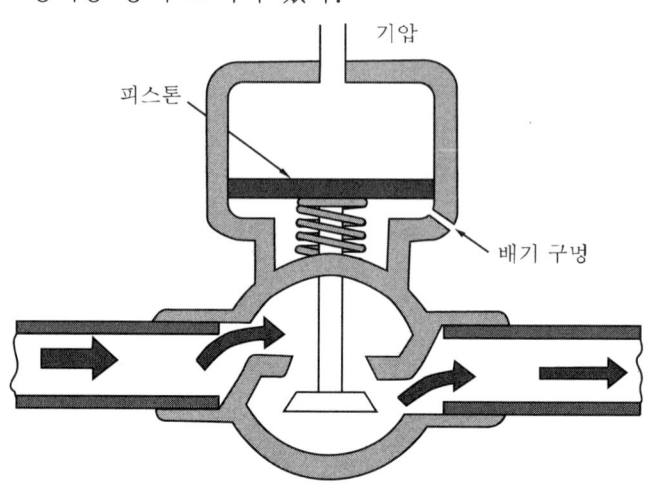

위 그림에서 모양은 달라도 공기 모터는 _____에 의해서 동작한다.

107 격막 대신에 _____ 이 밸브를 동작시킨다.

108 피스톤은 격막보다 강하므로 보다 높은 _____에 견딜 수 있다.

109 어떤 밸브는 대단히 높은 프로세스 압력에 동작해야 한다.
이 경우에는 _____PSI가 보다 적합한 압력이다.

110 (격막/피스톤)식 공기 모터는 이 고압에 보다 적합한 것이다.

답 **106.** 기압 **107.** 피스톤 **108.** 압력 **109.** 100 **110.** 피스톤

111 공기 모터를 사용하는 공기 계기는 힘을 만들어 낼 수 있다.
공기 대신에 _____가 밸브를 동작시키기 위해서 사용될 수 있다.

111. 전기

10. 솔레노이드(The Solenoid)

112 다음을 솔레노이드라고 부른다.

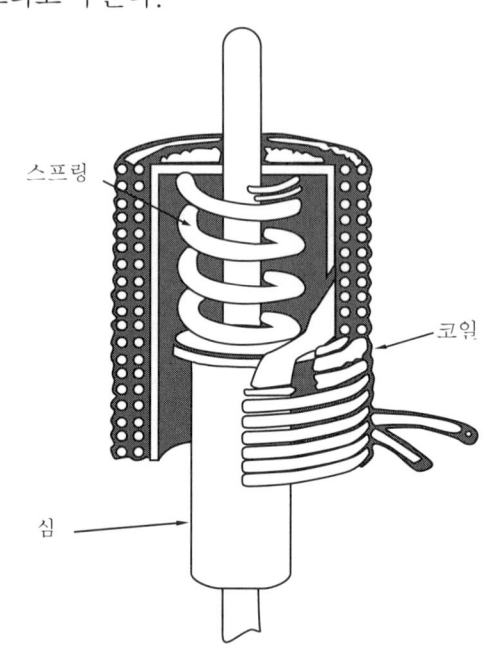

이 솔레노이드는 _____ 안을 들어갔다 나왔다 한다.

113 전류가 코일에 흐르면 코일 내에 강한 자계가 발생한다. 따라서 _____은 이 자석에 의해서 끌려온다.

114 철심(Iron core)은 _____ 내로 끌려오게 되는 것이다.

115 전류가 _____면 자계는 소모된다.

답 **112.** 코일 **113.** 철심 **114.** 코일 **115.** 흐르지 않으

116 또한 _____은 철심을 코일 밖으로 밀어낸다.

117 밸브를 잠그기 위해서는 철심은 솔레노이드의 코일로 당겨져야 한다. 전류를 솔레노이드에 흐르게 함으로써 철심은 당겨지고 밸브는 _____.

118 전류를 중단시키면 철심은 코일에서 벗어나고 밸브는 _____.

119 아래의 그림은 밸브를 동작시키는 솔레노이드이다.

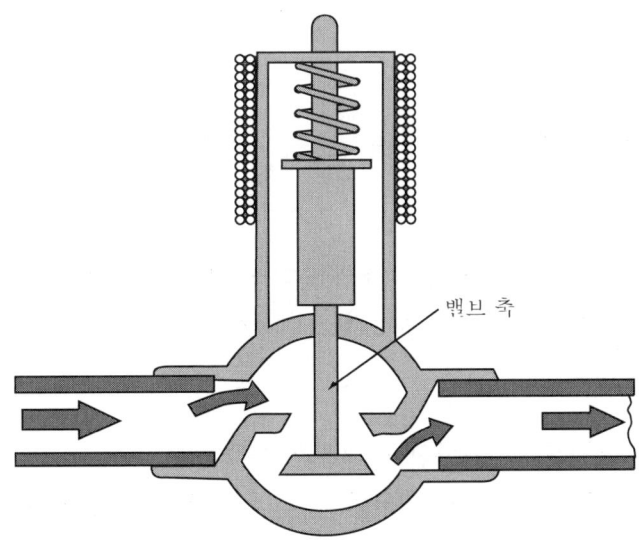

솔레노이드의 철심은 _____에 연결되어 있다.

---

116. 스프링 **117.** 닫힌다 **118.** 열린다 **119.** 밸브 축

11. 배합(Blending)

120 대부분의 석유 제품은 하나의 순수한 탄화수소는 아니다. 이들은 몇 개의 성분이 혼합하여 되는 것이다. 예를 들어 모터 오일은 실제로 (하나의 순수한 기름/몇 종의 기름의 혼합물)이다.

121 일반적으로 몇 가지 성분을 배합하여 고객이 요구하는 기름을 생산한다. 가솔린은 여러 가지 기름의 _____이다.

122 가솔린의 품질은 각 성분의 _____에 달려 있다.

123 옥탄가가 낮아 실험 결과가 필요한 규격에 맞지 않는 가솔린을 생각해 보자. 규격에 맞추기 위하여 옥탄가는 반드시 _____되어야 한다.

124 옥탄가는 TEL을 첨가함으로써 증가된다.
요구된 규격에 맞추기 위하여 _____의 TEL이 첨가되어야 한다.
※ TEL은 Tetra Ethyl Lead의 약어이다.

125 가솔린에 첨가시키는 TEL의 양은 _____되어야 한다.

126 TEL의 첨가는 하나의 배합 방법이다. 일반적으로 석유 제품은 필요한 규격량을 맞추기 위하여 _____되어야 한다.

📖 **120.** 몇 종의 기름의 혼합물 **121.** 혼합물 **122.** 함량 **123.** 증가 **124.** 일정한 양
125. 조절 **126.** 배합

127 하나의 배합 방법으로 배합표(Cookbook) 또는 회분(Batch) 방법이라는 것이 있다.
이것은 어떤 종류의 기름 1BbL을 다른 종류의 기름 2BbL과 _____시키는 것과 같다.

128 회분법은 한 번에 배합시키는 방법이다.
이것은 계속적인 배합 방법(이다/이 아니다).

129 계속적인 프로세스를 유지하기 위해서는 배합은 계속적으로 이루어져야 한다.
_____인 배합을 위하여 제품은 계속적으로 배합되어야 한다.

---

127. 배합 **128.** 이 아니다 **129.** 계속적

12. 유량 조절계(Ratio Flow Controller)

130 아래의 그림에서 두 개의 물질이 한 탱크에서 배합된다고 하자.

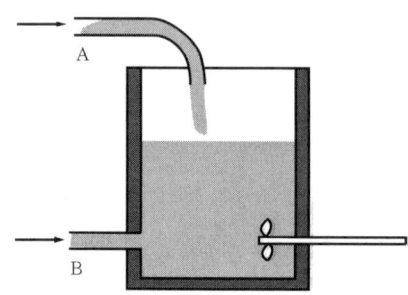

최종 제품은 일정한 양의 ___①___ 와 ___②___ 가 배합되어야 한다.

131 만일 A의 양 2에 B의 양 1이 배합된다고 하자.
이때에 A가 10GPM으로 흘러 들어온다고 하면 B는 _____GPM으로 흘러 들어와야 한다.

132 어떤 원인에 의해 A가 12GPM으로 흘렀다고 하자.
이때에 B의 유량은 배합 비율을 얻기 위하여 _____ 되어야 한다.

133 B의 유량이 3GPM이면 A는 _____GPM이 되어야 한다.

134 A와 B의 유량은 반드시 _____되어야 한다.

답 130. ① A ② B 131. 5 132. 증가 133. 6 134. 조절

135 A와 B의 관계를 비율(Ratio)이라고 한다.
유량 조절계는 A, B의 (유량/배합 비율)을 일정하게 유지한다.

136 아래의 배합 프로세스를 보라. 유체마다 유량을 측정하기 위하여 _____가 있다.

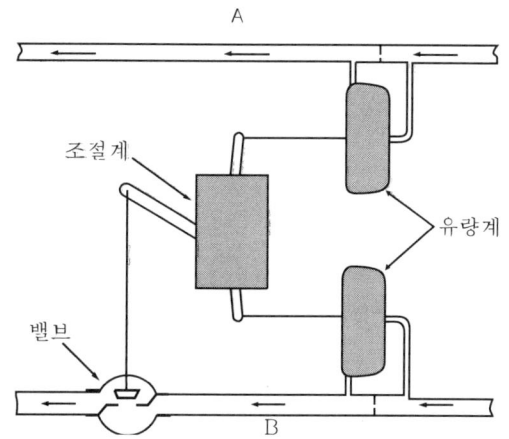

137 유량계(Flow meter)는 유량을 측정하고 이 정보를 _____ 에 보낸다.

138 유량은 (양쪽 유체/한쪽 유체)에서 조절된다.

139 조절계는 두 유체가 옳은 비율로 흐르는가를 _____한다.

140 조절계는 옳은 비율을 얻기 위하여 B라인의 _____에 신호를 보낸다.

141 만일 A의 유량이 감소하면 조절계는 B의 유량을 _____시켜야 한다.

---

135. 배합 비율 **136.** 유량계 **137.** 조절계 **138.** 한쪽 유체 **139.** 비교
140. 밸브 **141.** 감소

142 유량은 _____에서 조절된다.

143 유량은 (① A/B/A와 B)에서 측정되며 (② A/B)에서 조절된다.

144 아래의 그림은 배합 프로세스에 사용되는 계기의 연결도이다.

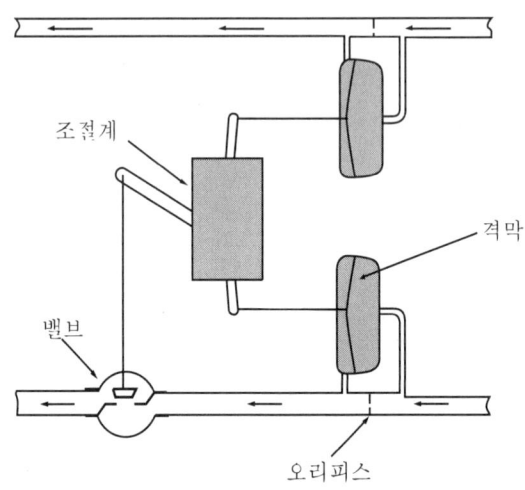

오리피스에 의한 압력 강하는 _____ 유량계에 의하여 측정된다.

145 격막은 정보를 _____ 로 보낸다.

146 조절계는 조절 밸브를 (양쪽/한쪽) 라인에서 동작시킨다.

147 이 시스템은 유량이 변하더라도 조절계는 일정한 배합 _____을 유지한다는 이점을 갖고 있다.

---

142. B **143.** ① A와 B ② B **144.** 격막식 **145.** 조절계 **146.** 한쪽
147. 비율

148 조절계를 조절할 때는 주의하여 조절해야 한다.
조절계 조정이 잘못되면 제품은 고객의 _____에 맞지 않는다.

답 148. 사양

13. 기어율 펌프(Gear-Ratio Pump)

149 또 하나의 제품 배합 방법은 밸브 대신에 펌프를 사용하는 것이다.

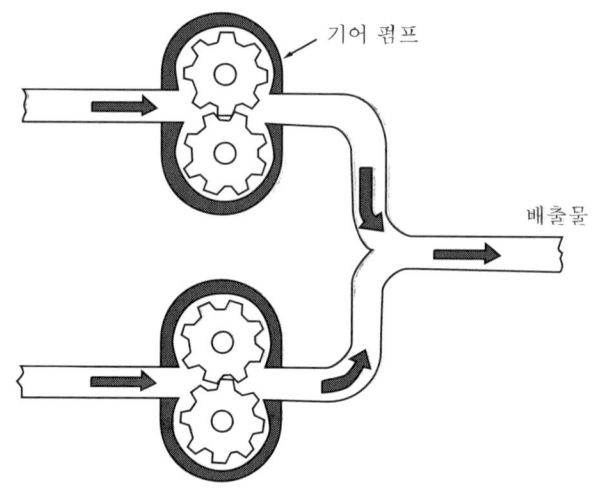

위의 그림의 두 파이프 라인의 유량은 각 라인에 설치된 _____ 펌프에 의하여 조절된다.

150 기어가 한 바퀴 돌면
　A. 일정량의 유량
　B. 일정하지 않은 유량
을 보낸다.

151 A는 B가 1회전할 때마다 2회전한다고 하자. 따라서 비율은 _____ 이다.

---

149. 기어　150. A　151. 2 : 1

152 펌프 속도가 변하지 않아도 이 비율은 변할까?
(변한다/변하지 않는다).

153 기어 펌프보다 유량 조절계는 더 많은 유량을 변화시킨다.
(유량 조절계/기어 펌프)는 보다 정밀한 배합 기계이다.

154 그러나 기어 펌프에서는 2종의 유체는
A. 사출 라인
B. 기어 펌프
에서 혼합된다.

155 두 개의 파이프에서 한 개의 파이프로 유체가 흐르므로 더 좁은 면적으로 흐르게 된 셈이다. 유량 조절계에 비하면 (많은/적은) 유량을 정밀하게 배합한다고 볼 수 있다.

156 유량이 많으면 (Gear pump/유량 조절계)가 더욱 적합하다.

---

152. 변하지 않는다 **153.** 기어 펌프 **154.** A **155.** 적은 **156.** 유량 조절계

14. 복습 및 요약(Review and Summary)

157 아래 밸브의 이름을 말하여라.

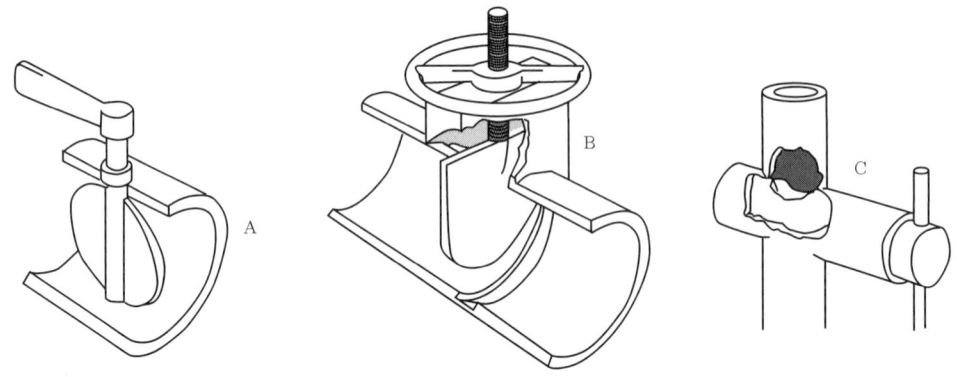

A는 ____①____ 밸브다.
B는 ____②____ 밸브다.
C는 ____③____ 밸브다.

158 위의 밸브들은
　A. 단좌 2방향이다.
　B. 복좌 2방향이다.

159 A 밸브는 다음을 조절하는 데 사용될 수 있을까?
　압력 (① 있다/없다).
　온도 (② 있다/없다).
　액위 (③ 있다/없다).
　유량 (④ 있다/없다).

📖　**157.** ① 나비모양　② 게이트　③ 플러그　**158.** A　**159.** ① 있다　② 있다　③ 있다
　　④ 있다

160 프로세스가 어느 일정량에 맞추어 조업되어야 할 때는 그 값을 _____ 라고 한다.

161 아래의 밸브는 _____ 밸브이다.

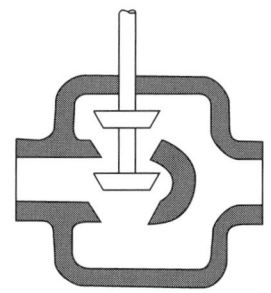

162 아래의 두 그림에서 (A/B)는 밸브의 자동 조절을 표시한다.

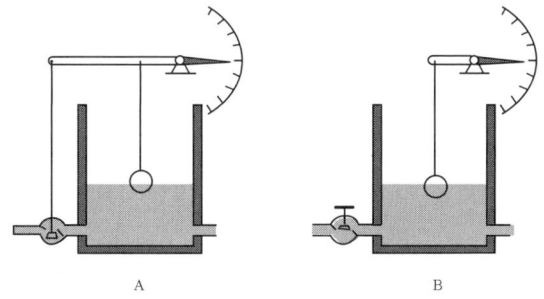

163 아래의 두 그림에서 (A/B)는 전기적으로 동작되는 밸브이다.

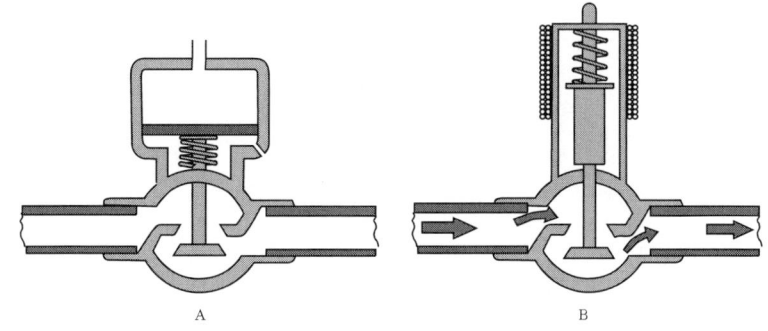

---

160. 설정값 **161.** 복좌 2방향 **162.** A **163.** B

164 작동기(Actuator) A는 _____ 라고 부른다.

165 B 밸브는 _____ 에 의해서 동작한다.

166 아래의 두 배합기(Blender)를 보라.

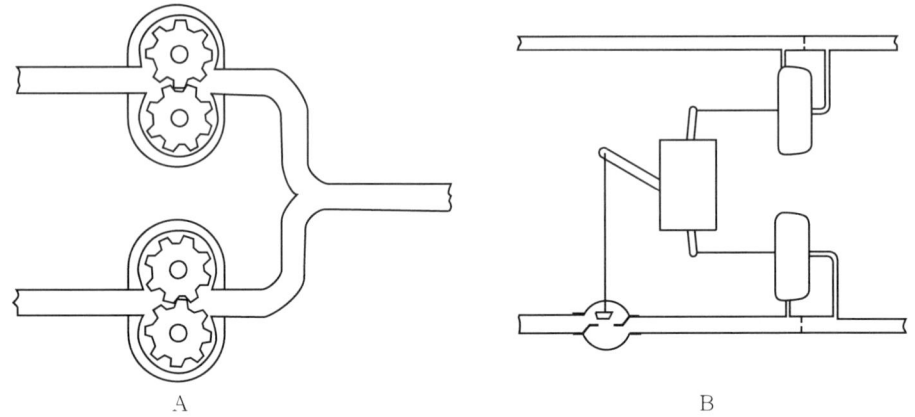

배합기 (A/B)는 압력 강하에 의하여 유량을 조절한다.

167 수동으로 액위를 조절하려면 ___①___ 을 알아야 하고 또 탱크로 유체가 흐를 수 있도록 ___②___ 가 있어야 하고, 또 밸브를 열고 닫는 ___③___ 이 있어야 하며 그리고 또 조업원에게 ___④___ 정보를 주기 위한 지시계가 있어야 한다.

---

164. 공기 모터 **165.** 솔레노이드 **166.** B **167.** ① 설정값 ② 밸브 ③ 조업원 ④ 피드백

CHAPTER 02

신호의 전달
(Transmission of Signal)

1. 서론(Introduction)

001 측정 계기는 조업원에게 변수(Variable)의 값을 알려준다.
조업원은 이 값을 알기 위하여 직접 현장에서 _____ 수 있다.

002 종종 계기는 직접 읽기 곤란한 위치에 있는 경우가 있다. 따라서 현장에서 계기를 읽는 것은 (쉬운/어려운) 일이다.

003 전체의 프로세스를 한눈에 알기 위하여 많은 측정 계기가 현장의 여러 곳에 설치되어 있다. 프로세스의 전체 조업 상태를 알기 위하여 조업원에게는 각 계기의 측정값을 (동시에/각각 다른 시간에) 알 필요가 있다.

004 각 계기의 측정값을 _____에서 볼 수 있으면 조업원에게 대단히 유리하다.

005 한 편리한 장소에 계기의 측정값을 보냄으로써 조업원은 (쉽게/어렵게) 그가 필요로 하는 프로세스의 정보를 알 수 있다.

006 각 계기는 조업원에게서 멀리 떨어져 있지만, 그 정보는 (쉽게/어렵게) 조업원에게 알려진다.

007 조절 밸브는 각종 프로세스 변수를 측정 (한다/할 수 없다).

답   1. 읽을   2. 어려운   3. 동시에   4. 한곳   5. 쉽게   6. 쉽게   7. 할 수 없다

008 밸브는 (측정 계기/조절 계기)이다.

009 측정은 _____ 계기에 의해서 수행된다.

010 조절계는 측정 계기로부터 얻은 값과 조절 기구에 의해 프로세스를 조절한다. 측정 계기의 측정값은 _____ 기구에 전달되어야 한다.

011 아래의 그림은 간단한 제어판으로서 제어실 안에 설치된 것이다.

많은 프로세스의 값을 _____을 봄으로써 이곳에서 알 수 있다.

012 측정 계기에 의한 측정값은 기록 · 지시 또는 조절 계기에 보내진다. 전기식 계기에서 이 측정값은 계기용 _____ 라인에 의해 전달된다.

답 8. 조절 계기 9. 측정 10. 조절 11. 제어판 12. 전달

013 측정값은 신호로 변해 전달된다. 제어판에 설치된 신호 접수 계기들은

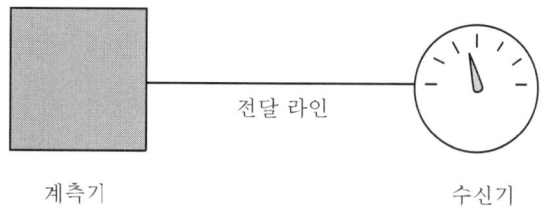

A. 조업원에게 측정값을 알려 준다.
B. 조절계에 프로세스 값을 알려 준다.
C. A, B를 다할 수 있다.

13. C

2. 조절 루프란 무엇인가?(What is a Control Loop?)

014 수동 또는 자동으로 프로세스를 제어하는 데는 세 가지 필요한 요소가 있다.

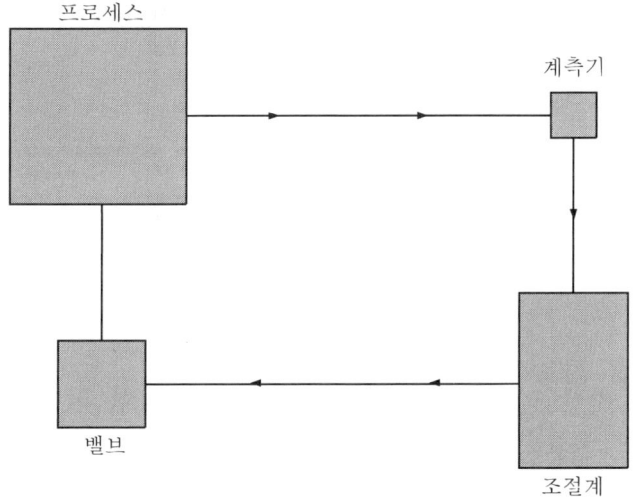

이 세 가지 요소는 프로세스 값을 측정하는 ___①___ 계기, 측정값과 설정값을 비교하는 ___②___, 마지막으로 프로세스 값을 조절하는 ___③___ 이다.

015 아래의 그림을 보아라.

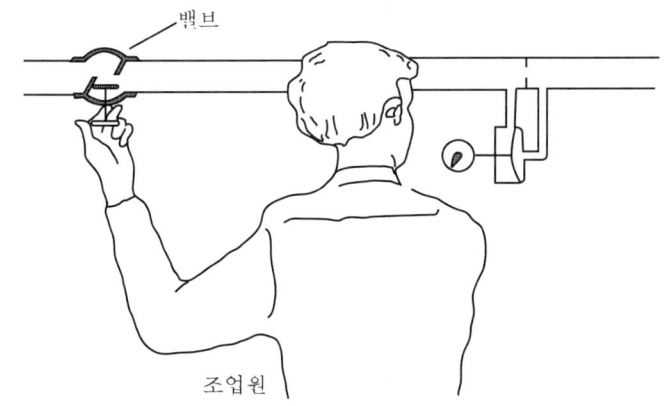

조절계는 ___①___ 이고, 측정 계기는 ___②___ 미터이다.

답 **14.** ① 측정 ② 조절계 ③ 밸브 **15.** ① 조업원 ② 격막식

016 아래의 그림을 보라.

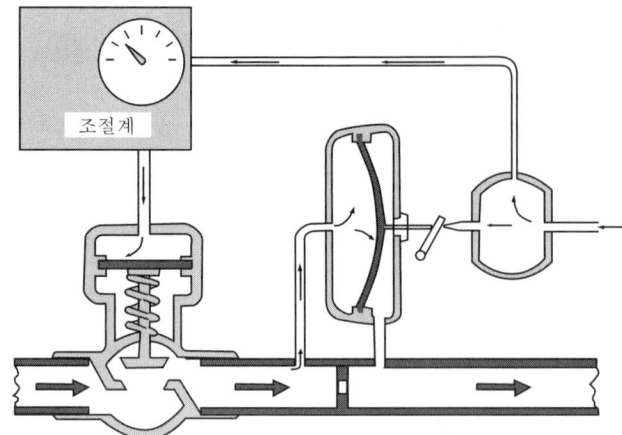

조절계는 (계기/조업원)이다.

017 문 15 및 16의 경우 모두 프로세스 변화에 대한 피드백은 _____ 계기에 의해 주어진다.

018 아래의 그림은 완전한 조절 루프를 표시한다. 이 루프는,
A. 원형이고 닫힌 회로이다.
B. 직선적이다.

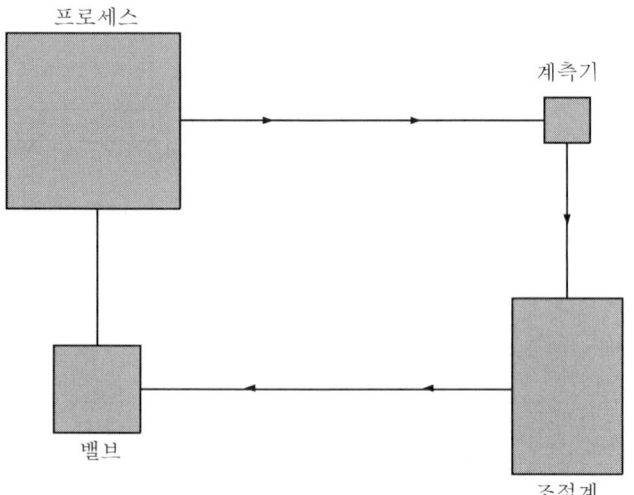

답 16. 계기 17. 측정 18. A

019 루프 내의 3요소는 모두 연결되어야 한다.
이들 요소들은 먼 거리에서도 동작하도록 _____ 라인으로 연결되어 있다.

020 정보는 _____로 변환되어 전선에 의해 각 요소에 전달된다.

답 19. 전달 20. 신호

3. 공기 신호 및 전기 신호 (Pneumatic and Electrical Signal)

021 신호는 전기 신호 또는 공기 신호로 보낼 수 있다.
전선에 의해 전달되는 신호는 (전기/공기) 신호이다.

022 전선(배관)의 공기 _____의 변화에 의해 전달되는 신호는 공기 신호이다.

023 전기는 대단히 빨리 흐른다. 보내고 받는 전기 신호 전달 시간은 (짧다/길다).

024 (공기/전기) 신호는 대단히 빨리 전달된다.

025 전기 신호는 대단히 느리기 때문에 실제의 현장 측정보다 (빠르다/느리다).

026 아래의 그림은 공기 신호가 파이프라인을 통하여 전달되는 모양이다.

거리가 멀수록 라인의 저항은 (크다/작다).

027 어느 것이 시간 지연이 적고 먼 거리를 전송할 수 있을까?
(전기 신호/공기 신호)

답 21. 전기 22. 압력 23. 짧다 24. 전기 25. 느리다 26. 크다 27. 전기 신호

028 라인의 저항이 커지면 시간 지연이 (증가한다/감소한다).

029 다음 그림 중 어느 조절 루프에서 신호가 빨리 전달될까?

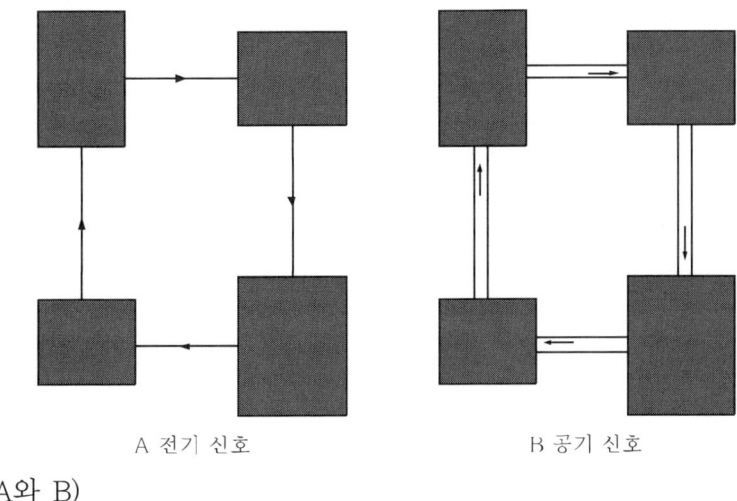

A 전기 신호   B 공기 신호

(A/B/A와 B)

030 프로세스를 즉시 이해하고 조업하기 위해서는 시간 지연이 (작아야/커야) 한다.

031 그러나 석유 화학 공장에서는 장치 주변에 가연성 기체가 있을 수 있다. 전기 불꽃은 _____ 을 일으킬 수 있다.

032 공기 신호는 불꽃을 발생하지 않는다.
따라서 공기 신호는 불꽃으로 사고를 일으킬 우려가 있는 곳에서 더욱 _____.

033 전기 신호는 시간 지연이 (많다/적다).

---

28. 증가한다 **29.** A **30.** 작아야 **31.** 폭발 **32.** 유리하다 **33.** 적다

034 전송 거리가 1,000ft 이상이면 (전기/공기) 신호가 유리하다.

답 **34.** 전기

4. 공기 신호 전달은 어떻게 이루어지나?
(Pneumatic Transmission, How is it Done?)

035 공기식에서 신호는 _____ 압력의 변화에 따라 이루어진다.

036 이 측정 계기에서 전송 라인 속의 압력을 변화시켜 _____ 를 보낸다.

037 이 신호는 제어실에 있는 다른 계기에 의해 눈으로 읽을 수 있도록 _____ 된다.

038 아래의 그림과 같이 액체가 프로세스 파이프라인을 통해서 흐른다고 하자. 밸브가 많이 열리면 (더 많은/더 적은) 액체가 흐른다.

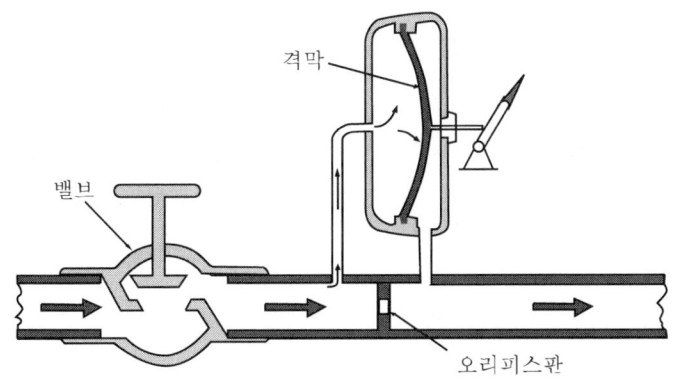

039 유량이 증가하면 오리피스 양단의 압력차는 (크다/작다).

📖   **35.** 공기 **36.** 신호 **37.** 변화 **38.** 더 많은 **39.** 크다

040 격막식 미터는 오리피스 전후의 _____를 측정한다.

041 압력차가 증가하면 격막은 (오른쪽/왼쪽)으로 움직인다.

042 그림에서 나타낸 격막은 밸브를 조절할 수 (있다/없다).

043 아래의 그림에서 격막식 미터는 조업원이 읽을 수 없는 위치에 설치되었다고 하자.

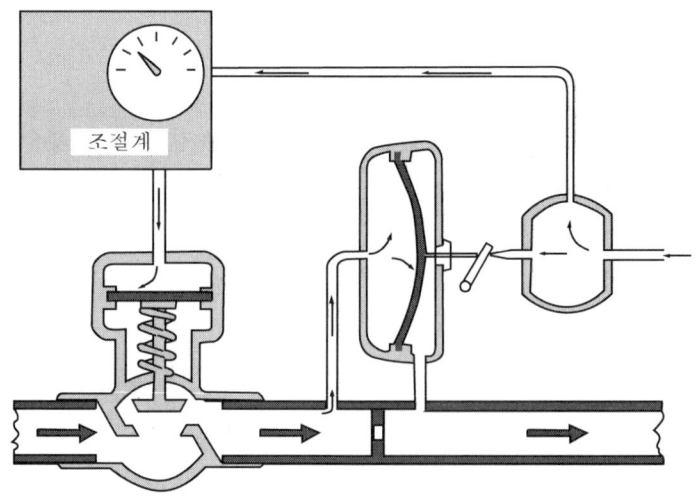

제어판으로 신호를 보내기 위하여 공기식 _____ 시스템이 사용되고 있다.

044 이 신호는 _____에서 읽을 수 있는 값을 보내는 것이다.

답   40. 압력차   41. 오른쪽   42. 없다   43. 전달   44. 격막

045 기계적 연결 구조를 보면 격막은 지시계에 연결되지 않고 _____에 연결되어 있다.

046 공기는 20PSI의 일정한 압력으로 공급되고 있다.
이 압력은 공기가 _____에서 나감에 따라 떨어진다.

047 유량이 증가하면 격막은 오른쪽으로 움직인다.
플래퍼는 노즐에 _____ 진다.

048 플래퍼가 노즐을 닫음에 따라 공기 탱크 내의 압력은 (증가한다/감소한다).

049 따라서 제어판으로 가는 전송선 내의 압력은 (증가/감소)한다.

050 제어판 내의 지시계는 압력이 _____된 것을 표시한다.

051 이 압력의 증가는 결국 프로세스 내의 _____이 증가된 것을 의미한다.

052 공기 탱크로 소량의 공기가 계속 들어오므로 플래퍼의 위치를 바꾸는 것은 _____ 라인의 압력을 바꾸는 것과 같다.

053 플래퍼의 위치는 _____에 의하여 움직인다.

---

45. 플래퍼 **46.** 노즐 **47.** 가까워 **48.** 증가한다 **49.** 증가 **50.** 증가 **51.** 유량
52. 전달 **53.** 격막

054 아래의 그림에 있어서 조절 루프에서 빠진 것은 무엇인가?

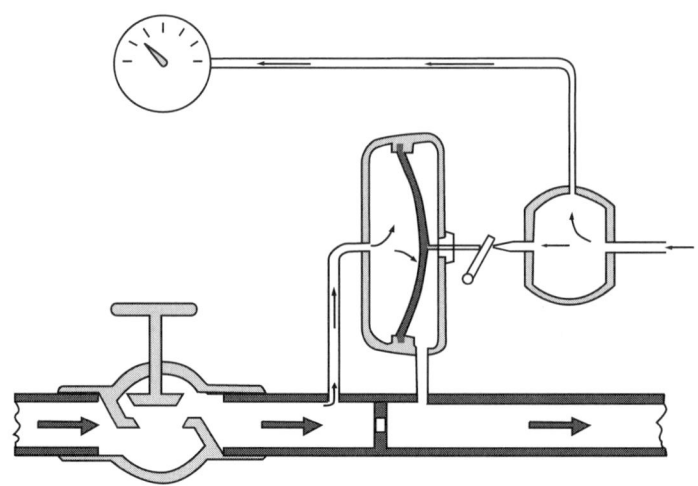

A. 조절 밸브
B. 계측 계기
C. 조절 소자

055 전송선과 조절계를 설치함으로써 밸브는 조절될 수 있다.

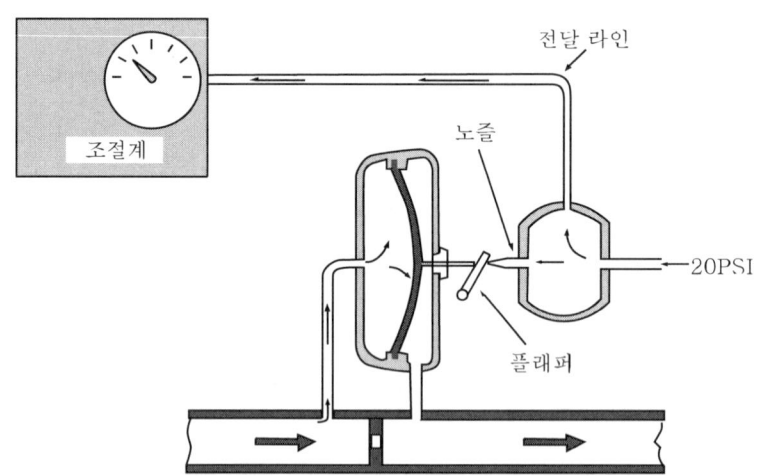

공기 모터를 _____ 축에 연결함으로써 유량은 조절될 수 있다.

---

54. C 55. 밸브

056 전송선으로부터 전달된 공기압은 공기 모터를 직접 조절하지 않고, 그 신호는 _____로 먼저 보내진다.

057 조절계는 이 신호를 받아서 다시 그 자신의 신호를 조절 밸브로 보내는 것이다. 이 신호 역시 _____의 변화이다.

058 조절계로 가는 공기압이 증가하면 조절계에서 _____로 가는 공기압도 증가한다.

059 따라서 밸브는 (열린다/닫힌다).

060 만일 조절계로 가는 압력이 감소하면 공기 모터로 가는 공기압도 감소하고, 스프링은 격막을 다시 위로 올라가게 한다. 결국 밸브는 다시 _____.

061 아래의 그림은 조업 중인 프로세스의 한 예이다. 밸브는 완전히 (열려 있다/닫혀 있다).

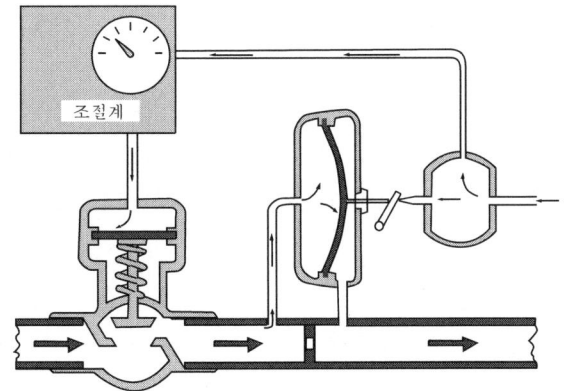

56. 조절계　**57.** 압력　**58.** 밸브　**59.** 닫힌다　**60.** 열린다　**61.** 열려 있다

62 오리피스를 통한 압력 강하는 최대이다. 이것은 결국 결막을 동작시켜 노즐을 (열게/닫게) 한다.

63 노즐은 닫으면 전송선 내의 압력은 _____ 하게 된다.

64 전송선 압력이 증가하면 조절계 압력도 증가하여 밸브는 _____.

65 이것은 프로세스 액체의 유량을 _____시킨다.

66 오리피스로 인한 압력 강하는 _____한다.

67 플래퍼는 왼쪽으로 움직이고 노즐은 열리며 공기 전송선의 공기압을 _____시킨다.

68 제어판의 조절계 또는 기록계는 유량이 _____된 것을 표시한다.

69 조절계는 신호를 밸브로 보낸다. 이 신호는 공기 모터로 가는 공기압도 _____된 것으로 실제로 밸브를 동작시키는 압력이다.

70 밸브는 _____ 시작한다.

71 전송선의 ___①___ 이 변화되고 ___②___ 이 조절된다.

답 62. 닫게 63. 증가 64. 닫힌다 65. 감소 66. 감소 67. 감소 68. 감소 69. 감소
70. 열기 71. ① 공기압 ② 유량

5. 공기계에 관한 문제점
(Problems with Pneumatic System)

072 아래의 공기식 계기 구조의 일부 중 노즐이 있다.

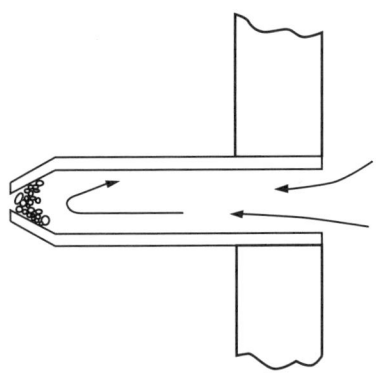

노즐이 막혀 있으면 전송선 내의 공기압은 (증가한다/감소한다).

073 이것은 유량은 감소하지만 제어판에서는 유량이 (증가/감소)한 것으로 나타난다.

074 노즐은 물방울, 먼지 등에 의해서 막힐수 있다. 따라서 공급물로 가는 물방울, 먼지 등을 _____ 야 한다.

075 플래퍼나 노즐은 마모될 수 있다. 이것은 공기가 초과되어 불필요하게 누설됨을 뜻하며, 주어진 플래퍼의 위치에 부정확한 _____ 출력을 내게 한다.

076 전송선은 깨끗하게 유지될 수 있는 재질로 되어 있고 쉽게 _____ 하지 않도록 되어 있다.

답 72. 증가한다 73. 증가 74. 없애 75. 공기압 76. 누출

077 공기식에서 물은 금속 부분을 부식시킨다. 또한 물은 얼기 쉽고 라인을 _____ 쉽다.

078 따라서 공급 공기는 청결하고 _____해야 한다.

079 공기식에서는 공기로부터 _____을 분리하는 건조기가 있어야 한다.

답 **77.** 막기 **78.** 건조 **79.** 수분

6. 계기용 공기 건조기(Instrument Air Dryer)

080 수분을 흡수하는 물질을 건조제(Desiccant)라고 한다. 건조제는 공기를 건조하게 할 수 (있다/없다).

081 건조제는 공기식 계기에서 공기를 _____하는 데 사용된다.

082 실리카 겔(Silica gel)은 공기로부터 수분을 흡수하는 일종의 건조제이다.

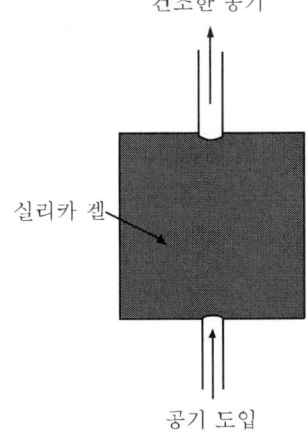

공기는 _____을 통과함으로써 건조된다.

083 어떤 계기용 공기 건조기는 건조제로써 _____을 사용한다.

---

80. 있다 **81.** 건조 **82.** 실리카 겔 **83.** 실리카 겔

084 아래의 계기용 공기 건조기의 그림을 보아라.

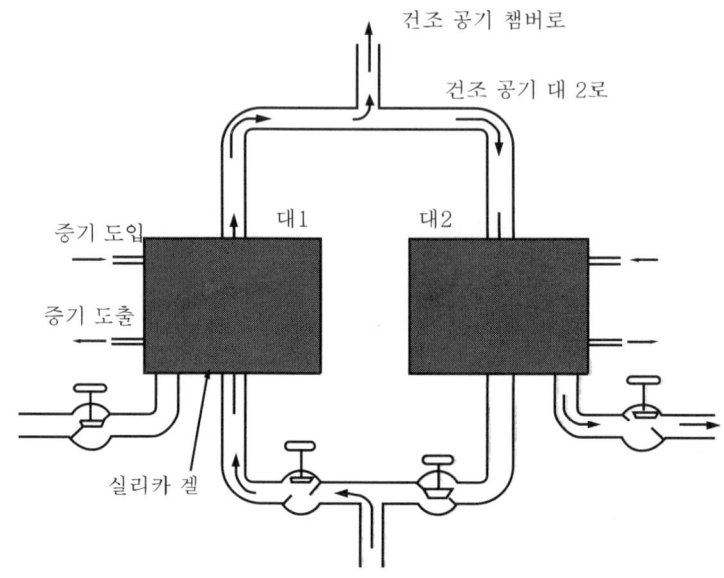

이것은 계기용 공기를 _____ 하는 전형적인 건조기이다.

085 이것은 두 개의 _____ 대(Bed)로 되어 있다.

086 각 대는 일정량의 수분을 흡수할 수 있다.
만일 이 대가 수분으로 포화되면, _____은 대로부터 분리되어야 한다.

087 두 개의 대가 사용되고 있는 데 한쪽 대가 공기로부터 ___①___ 을 흡수하고 있는 동안, 다른 한쪽은 ___②___ 되고 있다.

088 건소하는 공정을 재생(Regeneration)이라고 한다. 재생은 대를 가열하고 신선하고 건조한 _____를 통과시킴으로써 이루어진다.

답 **84.** 건조 **85.** 실리카 겔 **86.** 수분 **87.** ① 수분 ② 건조 **88.** 공기

089 약간의 건조된 공기를 대에서 뽑아 대 2를 _____ 하기 위하여 사용할 수 있다.

090 실리카 겔은 온도가 올라가 있으면 수분을 적게 함유하고 있다.
가열 코일에 스위치를 넣을 때는 공기를 (건조할 때/재생할 때)이다.

091 대 1의 소량의 건조된 공기가 대 2의 _____ 을 제거하는 데 필요하다.

092 대 2가 재생 후 아직 뜨거우면 따뜻한 실리카 겔은 공기를 건조하는 데 (좋다/나쁘다).

093 따라서 대 2는 재생 후 _____ 되어야 한다.

094 항상 한쪽 대가 동작하고 있는 때는 다른 한쪽은 ___①___ 되고 ___②___ 된다.

095 이렇게 함으로써 전송선에는 항상 _____ 된 공기를 보낼 수 있는 것이다.

096 대로부터 수분을 제거하기 위하여 대는 충분히 가열되어야 한다.
열이 충분치 않으면 대 내에 많은 _____ 을 남기게 될 것이다.

097 대는 또한 공기 공급 라인으로 들어가서는 안 될 물질이 들어가지 못하도록 한다.
실리카 겔도 전송선을 _____ 수 있다.

---

89. 재생 **90.** 재생할 때 **91.** 수분 **92.** 나쁘다 **93.** 냉각 **94.** ① 재생 ② 냉각
95. 건조 **96.** 수분 **97.** 막을

098 만일 재생 중 실리카 겔이나 다른 건조제를 너무 뜨겁게 하면 가루가 되기 쉽다. 이 가루는 공기 배관을 막을 수 (있다/없다).

099 재생 중에는 대는 너무 _____도 안 되고 _____도 안 된다.

100 공기 압축기의 기름이 대로 침투할 수도 있다.
대가 재생 중 가열되면 이 기름은 작은 입자가 된다. 이 기름 입자는 대가 _____을 흡수하는 것을 방해할 수 있다.

101 기름은 여과기를 통해서 제거될 수 있다. 기름을 사용하지 않는 압축기도 있다. 다음에서 어느 것이 대에 기름이 끼지 않게 할 수 있을까? 맞는 것에 ○표를 하여라.
① 공기를 건조기로 보내기 전에 소화기를 사용한다.
② 오일을 사용하지 않는 압축기를 사용한다.
③ 코일이 탈 때까지 대를 가열한다.

답 98. 있다 99. ① 뜨거워 ② 차 100. 수분 101. ① ○ ② ○

7. 전자 신호 전달은 어떻게 이루어지나? (Electronic Transmission, How is it Done?)

102 전기식도 공기식과 비슷하다. 공기식에서는 전송선의 _____을 변화시킨다.

103 전기식에서는 _____ 또는 전압이 변화된다.

답 102. 공기압   103. 전류

8. 전기 회로(Electrical Circuit)

104 전기가 잘 통하는 물질을 도체(Conductor)라고 한다. 도체는 전기를 보내는 _____과 같다.

105 대부분 금속은 좋은 양도체이다.
(구리/고무)는 양도체이다.

106 전류가 흐르기 위해서는 회로(Circuit)가 구성되어야 한다.
회로는 _____로 이루어져야 한다.

107 전기 도선은 일반적으로 _____로 되어 있다.

108 전기 회로의 각 요소는 _____로 연결되어 있다.

109 전기는 전원에서 나와서 사용 물질을 통과하여 되돌아온다.
아래 그림에서 축전지는 전원이고 _____은 전기의 사용 물질이다.

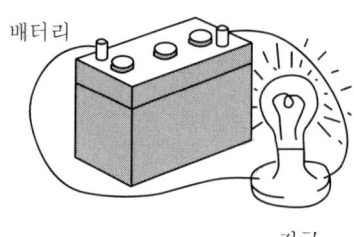

배터리

전구

답 104. 파이프라인 105. 구리 106. 도체 107. 금속 또는 구리 108. 회로 109. 전구

110 아래의 그림은 두 개의 전기 회로를 표시한 것이다.

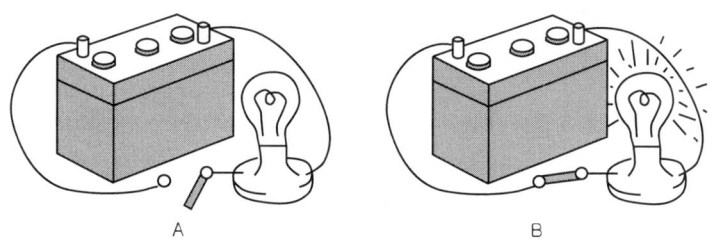

A 회로는 _____ 있기 때문에 전구에 불이 오지 않는다.

111 완전한 전기 회로는 (열려/닫혀) 있는 회로이다.

112 전기는 _____ 있는 회로에만 흐른다.

113 전기 스위치를 ___①___ 주고 ___②___ 줌으로써 전구에 불이 들어오고 꺼진다.

114 스위치는 _____를 열고 닫는 기구이다.

115 정상 압력보다 높은 압력은 부르동관이 스위치를 _____ 된다.

116 스위치가 닫히면 전류는 회로를 통하여 흐른다.
전류는 조절 밸브를 동작시키는 _____로 흐르게 되는 것이다.

117 이 경우에 솔레노이드에 전류가 흐르면 밸브를 _____.

답 110. 열려 111. 닫혀 112. 닫혀 113. ① 닫아 ② 열어 114. 회로 115. 닫게
116. 솔레노이드 117. 닫는다

118 아래의 그림은 On-Off 스위치를 사용하는 간단한 계기의 동작을 표시한 것이다.

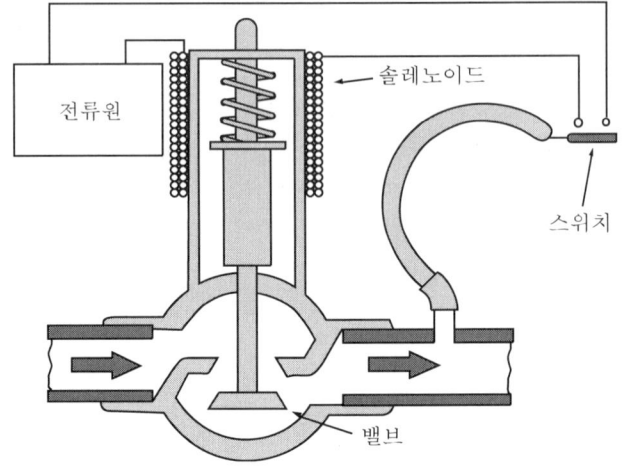

프로세스 압력은 _____ 에 의해서 측정된다.

119 조절 밸브는 완전히 열려 있거나 닫힌 상태가 된다. 이것이 개폐 제어(On-off control)이다.
이 경우는 밸브의 조절 범위가 (있다/없다).

9. 변압기(Transformer)

120 전류는 동선을 따라 흐른다. 이것은 마치 물이 파이프로 흐르는 것과 같다. 전기는 물과 같이 흐르게 하는 _____이 있어야 한다.

121 전압은 전선을 통하여 흐르게 하는 _____이다.

122 만일 먼 거리를 빨리 보내고 싶으면 센 힘이 필요하다.
이때에 전압은 _____되어야 한다.

123 변압기는 전압을 변환시키는 장치다.
장거리로 전기 신호를 보내고자 할 때는 전압을 _____ 위하여 변압기가 필요한 경우가 있다.

124 아래의 그림에는 압력 스위치가 닫혀 있나 또는 열려 있나를 표시하기 위하여 램프가 달려 있다.

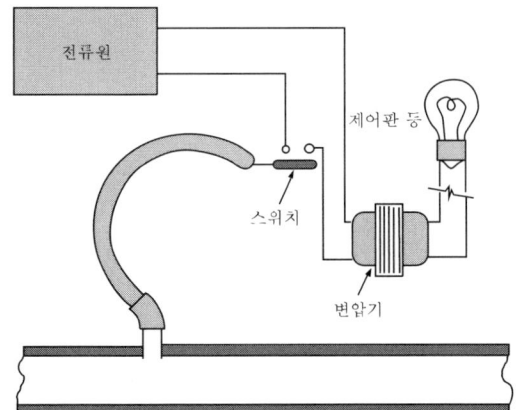

이때에 판(Panel)은 스위치로부터 (가깝다/멀다).

답 **120.** 힘 **121.** 힘 **122.** 증가 **123.** 올리기 **124.** 멀다

125 제어판으로 전기 신호를 보내기 위해서는 충분한 _____이 있어야 한다.

126 스위치가 닫히면 전류는 _____로 흐른다.

127 제어판의 램프가 켜진다.
이것은 프로세스의 조절 밸브가 닫혀야 할 만큼 압력이 _____ 했음을 뜻한다.

답 125. 전압 126. 변압기 127. 증가

10. 가동 코일(The Moveable Coil)

128 스위치는 켜지거나 꺼지는 것 둘 중의 하나이고, 그 사이에서 중간을 조절할 수는 없다.
안정되고 일정한 제어를 위하여는 이러한 On-Off 스위치형 조절계는 (좋다/좋지 않다).

129 아래의 그림은 코일이다.

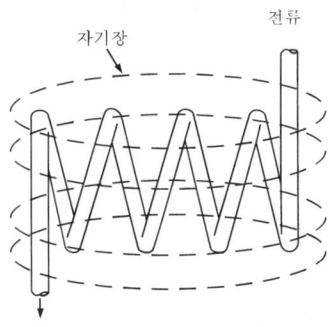

전류가 코일을 통과하면 코일 주위에 _____이 발생한다.

130 자기장(Megnetic field)은 또한 코일에 전류를 흐르게 할 수 있는 힘이다.

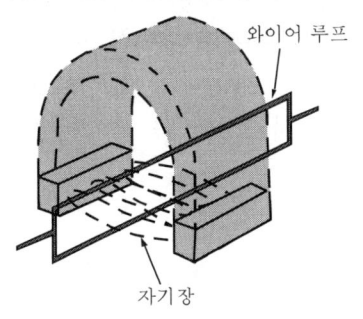

자기장 내에서 코일을 움직이면 _____가 생긴다.

---

128. 좋지 않다 **129.** 자기장 **130.** 전류

131 똑같은 방법으로 자기장을 이루고 있는 코일 내에 전선(도체)을 움직이면 _____가 생긴다.

132 아래의 두 코일은 유도 코일(Inductance coil)이다. 작은 코일은 _____ 안에 끼워 있다.

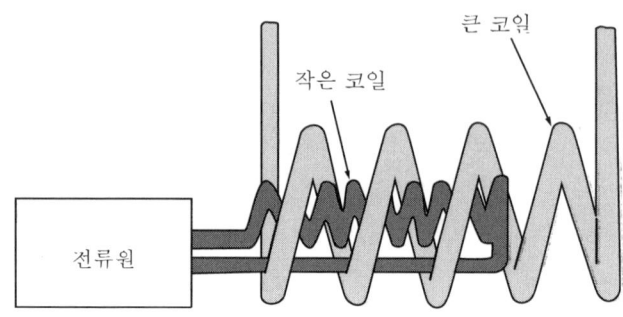

133 작은 코일에 전류가 흐르면 큰 코일 전선에도 _____가 생긴다.

134 작은 코일이 큰 코일 내에서 아래와 같이 조금 나온 경우를 생각해 보자.

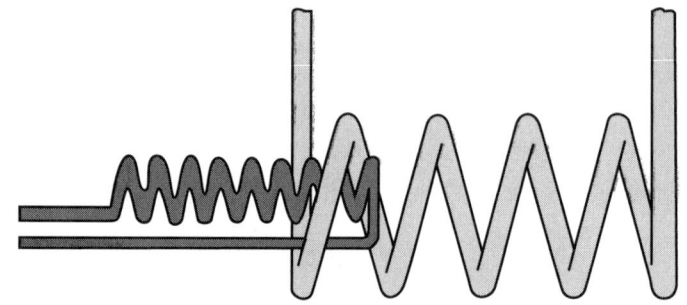

이때는 (적은/많은) 자기장이 큰 코일에 의해서 잘린다.

135 이것은 (많은/적은) 전류가 큰 코일에 유도되는 것을 뜻한다.

답 **131.** 전류 **132.** 큰 코일 **133.** 전류 **134.** 적은 **135.** 적은

제2장 | 신호의 전달(Transmission of Signal) 163

136 만일 큰 코일 안으로 작은 코일이 더 들어가면 유도 전류는 (증가된다/감소된다).

137 이 두 코일로 된 구조에서는 출력 신호는 _____ 변화로 나타난다.

138 전류 변화를 가져오기 위하여 작은 코일의 전류 스위치를 개폐시켜야 하는가? (시켜야 한다/시키지 않는다).

139 아래의 그림은 어떻게 이 신호가 조절 밸브로 보내지는가 하는 것을 나타내는 그림이다.

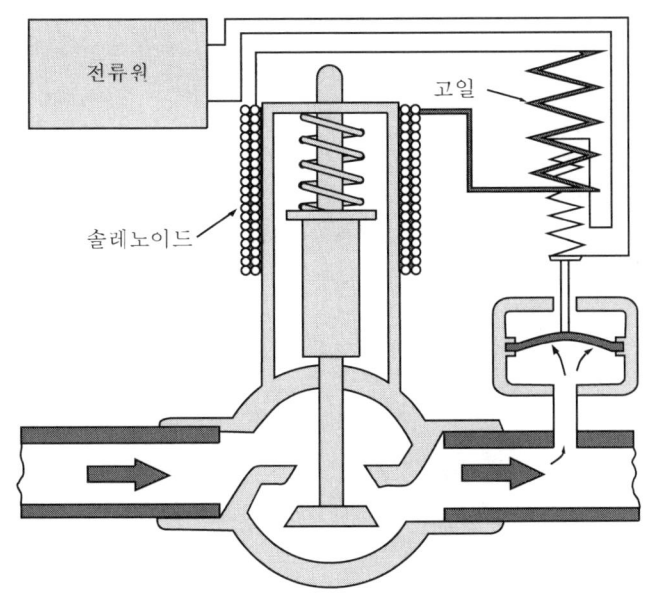

격막 압력은 (큰 코일/작은 코일)에 연결되어 있다.

140 압력의 변화에 따라 작은 코일은 큰 코일 속을 움직인다. 따라서 큰 코일의 전류가 _____.

---

136. 증가한다 137. 전류 138. 시키지 않는다 139. 작은 코일 140. 변화한다

141 파이프라인 안의 압력이 증가되면 격막은 _____ 움직인다.

142 작은 코일이 큰 코일 속으로 깊이 들어가면 전류는 (증가한다/감소된다).

143 솔레노이드는 밸브를 _____.

144 전류가 변화하면 솔레노이드는 밸브를 _____.

145 이 경우에 솔레노이드는 밸브를 일부만 열린 상태로 유지할 수 있다. 따라서 이 경우에는 밸브의 조절 범위가 (있다/없다).

답 **141.** 위로 **142.** 증가한다 **143.** 닫는다 **144.** 움직인다 **145.** 있다

11. 축전기(Capacitor)

146 어떤 전기계에서는 코일 대신에 가변 축전기를 사용하는 경우가 있다.

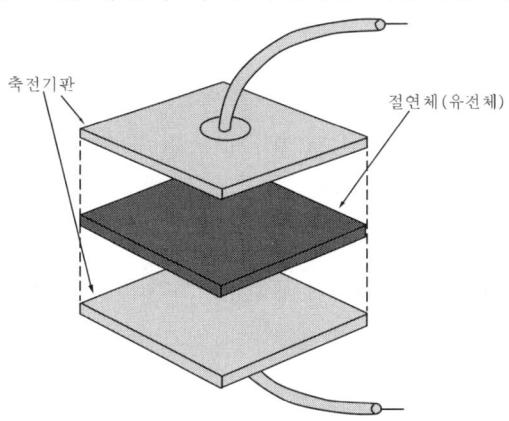

이것은 _____ 개의 금속판 사이에 절연판을 끼운 것으로 되어 있다.

147 이 절연체는 일명 부도체라고도 하며 전류가 흐르는 것을 방지한다. 만일 전류가 흐르려고 하면 금속판에 _____ 가 충전된다.

답   146. 두   147. 전기

148 누설 전류를 제외하고 전류는 한쪽 판에서 다른 판으로 (흐를 수 있다/흐르지 않는다).

149 전기의 흐름은 _____에 의해서 차단된다.

150 반대의 전하가 각 절연판에 각각 생성된다. 따라서 금속판의 간격이 가까우면 가까울수록 (강한/약한) 전기가 금속판에 생기는 것이다.

151 금속판은 가깝게 또는 멀리 움직임으로써 강하고 약한 전기가 금속판에 _____ 되는 것이다.

152 이 충전량의 변화로써 전류의 _____를 가져올 수 있는 것이다.

153 따라서 전류의 _____가 전기 신호로서 작동되는 것이다.

154 가변 축전기는 전송선에 전기 신호를 보내는 데 사용될 수 있는 것이다.

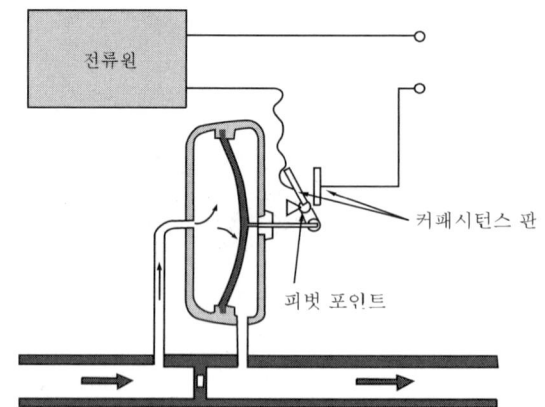

오리피스를 이용한 격막에 의해서 파이프라인의 _____을 측정한다.

📖 **148.** 흐르지 않는다 **149.** 절연체 **150.** 강한 **151.** 충전 **152.** 변화 **153.** 변화
154. 유량

155 격막은 가변 축전기의 한쪽 _____에 연결되어 있다.

156 이것은 격막이 오른쪽으로 움직임에 따라 한쪽 금속판이 멀어지도록 되어 있다. 격막이 움직임에 따라 금속판의 _____이 변한다.

157 금속판의 _____량도 금속판의 거리에 따라 변한다.

158 충전량의 변화로 회로의 _____도 변한다.

159 격막이 유량의 변화에 의해 움직임에 따라 축전기판은 _____ 변화를 가져온다.

160 문 154의 그림에서는 전류 변화를 표시하는 것이 (있다/없다).

161 아래의 그림에서는 전류계(Ammeter)가 회로에 연결되어 있다.

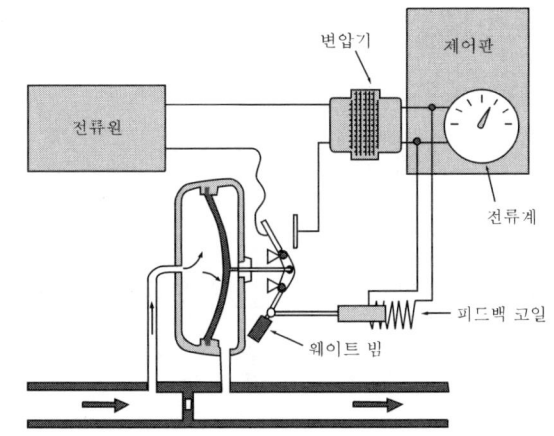

전류계는 _____에 설치되어 있다.

---

155. 금속판 **156.** 간격 **157.** 충전 **158.** 전류 **159.** 전류 **160.** 없다
161. 제어판

162 전류계는 _____의 변화량을 표시한다.

163 신호는 먼 위치에 있는 제어판으로 전달된다.
변압기는 이 신호를 _____ 한다.

164 변압기 출력의 일부는 피드백 코일로 보내진다.
이 전기 신호는 _____을 움직이는 데 사용된다.

165 웨이트 빔은 축전기판의 자유로운 움직임을 방해하는 마찰력을 없애준다.
마찰은 _____한 지시의 원인이 된다.

166 피드백 코일과 웨이트 빔은 _____한 지시를 위하여 필요한 것이다.

167 유량이 증가하면 격막은 _____쪽으로 움직인다.

168 따라서 축전기판은 멀리 떨어지게 되고 회로의 전류량은 _____한다.

169 전류계는 _____된 전류값을 지시한다.

170 신호는 솔레노이드 동작 _____로 보내질 수 있다.

답 **162.** 전류 **163.** 강하게 **164.** 웨이트 빔 **165.** 부정확 **166.** 정확 **167.** 오른
168. 감소 **169.** 감소 **170.** 조절 밸브

12. 전기계에 관한 문제점
(Problems in the Electrical System)

171 각 구성 요서의 부식이나 습기로 말미암아 _____한 측정을 초래할 수 있다.

172 코일이 잘못 맞추어 있으면 시스템은 옳게 동작하지 못한다.
구성 요소를 거칠게 다루거나 떨어뜨리면 코일이 _____ 있다.

173 연결이 헐겁게 되거나 합선(Short circuit)이 생기면 _____ 전달에 이상이 온다.

174 대부분 모든 계기는 일정하고 안정된 전압이 필요하다. 갑작스런 전압 변동은 금물이다.
계기 시설에 전압 조정기가 없으면 갑작스런 전압 변동(증가)은 _____한 지시나 고장의 원인이 된다.

175 배선 도중에 회로를 연결하지 않고 놓아두는 수도 있다.
이 때문에 계기가 (부정확해지다/동작을 안 한다).

---

171. 부정확 **172.** 잘못 맞추어질 수 **173.** 신호 **174.** 부정확 **175.** 동작을 안한다

13. 복습 및 요약(Review and Summary)

176 전송기(Transmiter)로부터 먼 거리에서 계기를 읽을 수 있으려면 _____를 보낼 수 있어야 한다.

177 이 신호는 ___①___ 식이거나 ___②___ 식일 수 있다.

178 아래의 그림을 보아라.

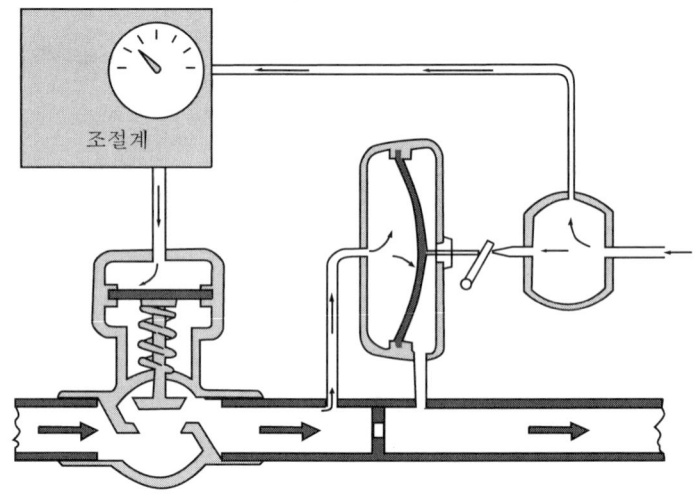

이것은 (공기식/전기식) 전송 방법이다.

답 **176.** 신호 **177.** ① 전기 ② 공기 **178.** 공기식

179 아래의 그림을 보아라.

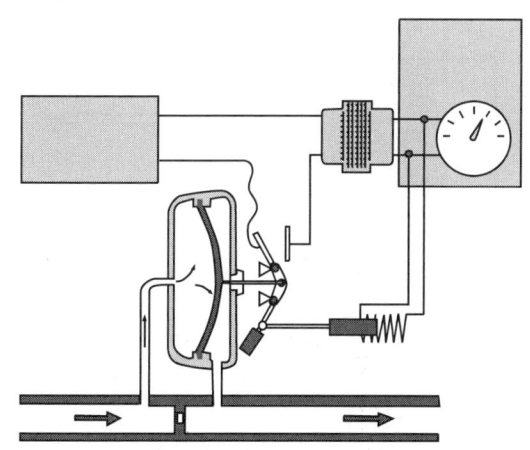

이 시스템은 _____ 판의 간격을 변화시켜 신호를 보낸다.

180 축전기는 _____를 변화시킨다.

181 폭발의 위험이 있는 곳에서는 _____식이 더 안전하다.

182 회로가 _____되어 있지 않으면 전기계는 동작하지 못한다.

183 공기식 계시는 사용되는 공기가 깨끗하고 건조해야 한다. 공기를 _____이나 다른 건조제에 통과시킴으로써 건조시킬 수 있다.

184 계기용 공기 건조기에 있어서 해로운 사항에 ○표를 하여라.
① 기름 ② 재생
③ 물   ④ 과열 또는 너무 낮은 가열

답 179. 커패시터 **180.** 전류 **181.** 공기 **182.** 연결 **183.** 실리카 겔
184. ① ○ ③ ○ ④ ○

185 아래 그림을 보아라.

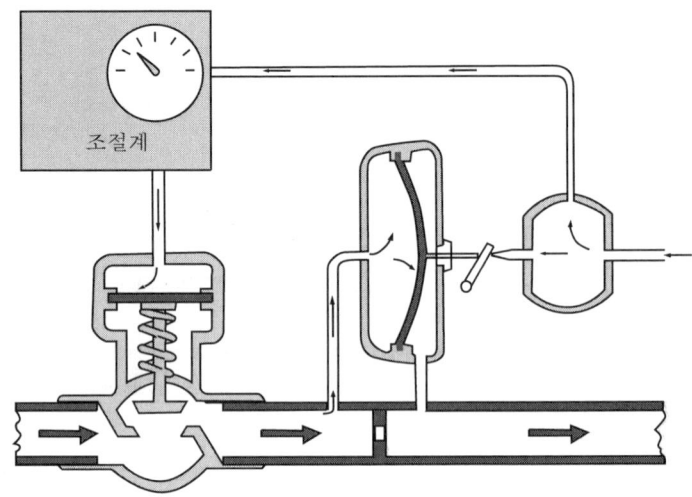

이 계기는 (측정/측정 및 제어) 계기이다.

186 아래의 그림에서 신호는 (전류를 변화시킴으로써/전류를 개폐함으로써) 보내진다.

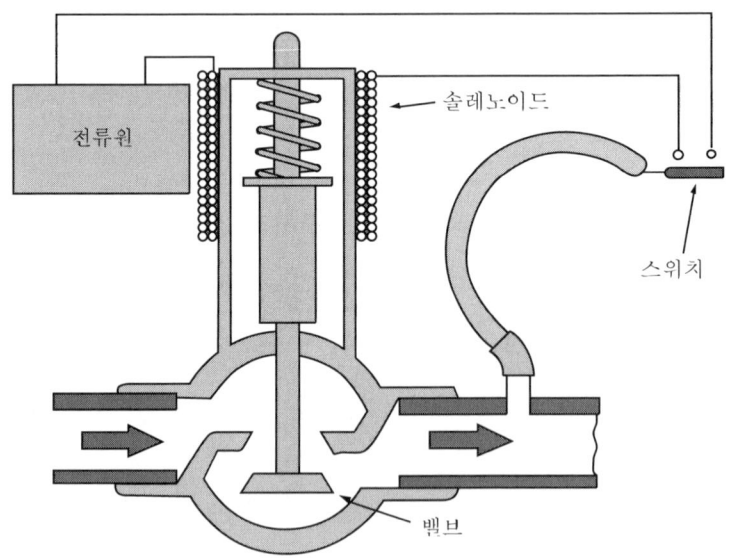

답 185. 측정 및 제어 186. 전류를 개폐함으로써

187 아래의 가변 유도 코일을 보아라.

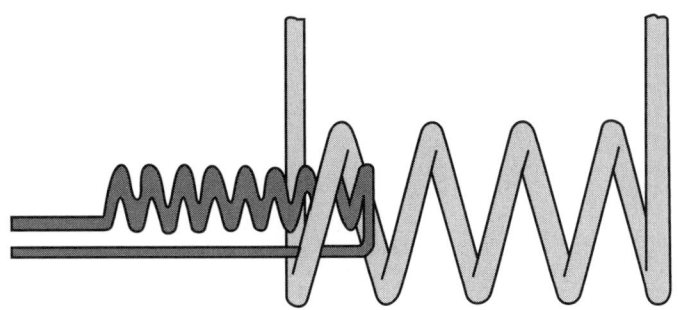

전류는 내부 코일에 흐른다고 할 때, 외부 코일에 유도되는 전류를 증가시키기 위한 코일의 움직이는 방향을 화살표로 그려라.

CHAPTER 03

경보 및 조업 중지 장치
(Alarm and Shutdown Device)

1. 서론(Introduction)

001 정유공장에서는 온도, 압력, 액위 및 유량이 설정값(목표값)에 맞추어 일정하게 유지되어야 한다.

이 프로세스의 온도는 _____°F에 유지되어야 한다.

002 계기에 나타난 설정값(Set point)은 _____°F이다.

003 대부분의 프로세스는 약간의 변화가 있어도 괜찮다.
이 값의 범위를 조업 범위(Operating range)라고 한다.
위 계기의 조업 범위는 ___①___ 와 ___②___°F 범위이다.

004 만일 온도가 700°F 이상으로 올라가면 온도는 _____ 한다.

005 만일 온도가 600°F 이하로 내려가면 온도는 _____ 한다.

답 **1.** 650 **2.** 650 **3.** ① 600 ② 700 **4.** 내려야 **5.** 올려야

제3장 | 경보 및 조업 중지 장치(Alarm and Shutdown Device) 177

006 온도는 설정값을 중심으로 조금씩 상하로 변할 수 있다. 이러한 미소한 변화는 프로세스에 (위험하다/위험하지 않다).

007 예를 들어 원유가 750°F에서 변질된다고 하자.
이때에는 이 원유를 사용하는 공장에서 온도를 750°F 이상으로 (올려서는 안된다/올려도 된다).

008 프로세스에서는 이러한 측정값이 정상적인 조업 범위를 벗어나면 경보가 울리도록 되어 있다. 이 경보 장치는 조업원에게 (위험 상태에 달하기 전에/위험 상태로 된 후에) 알려주기 위한 것이다.

009 경보 장치는 종(Bell)이나 깜빡거리는 _____로 되어 있고 또는 두 가지를 겸한 경우도 있다.

010 종이 울리거나 전구(Bulb)가 깜빡거리면 상태를 곧 판단하여 즉시 _____해 주어야 한다.

011 예를 들어 어떤 가압 용기가 200PSIG에 견디로록 설계되었다고 하자.
만일 압력이 200PSIG 이상으로 올라가면 그 용기는 _____ 것이다.

012 만일 조업원이 이 사고를 미리 알 수 있다면 프로세스가 이 위험 상태에 도달하기 전에 _____되어야 한다.

013 만일 프로세스가 계속해서 위험 상태로 올라가면 이때는 (재조정/조업 중지)되어야 한다.

답 **6.** 위험하지 않다 **7.** 올려서는 안 된다 **8.** 위험 상태에 달하기 전에 **9.** 전구
10. 교정(조치) **11.** 터질 **12.** 재조정 **13.** 조업 중지

014 안전을 위하여 조업 중지는 (자동적/수동적)으로 되어야 한다.

015 조업 중지는 전기식 또는 공기식으로 수행된다. 일반적으로 조업 중지는 밸브를 _____ 나 _____ 으로써 수행된다.

016 예를 들어 액위가 너무 올라가면 조절 밸브는 탱크로 들어가는 액체가 _____ 닫혀져야 한다.

017 대부분의 조업 중지 밸브는 완전히 열리거나 또는 닫히게 된다. 이들은 조업 범위가 (있다/없다).

018 조업 중지 밸브는
A. 정확한 유량을 조절할 수 있도록 동작되어야 한다.
B. 안전을 위하여 빨리 동작해야 한다.

019 아래의 그림 중 어느 것이 좋은 조업 중지 밸브인가?

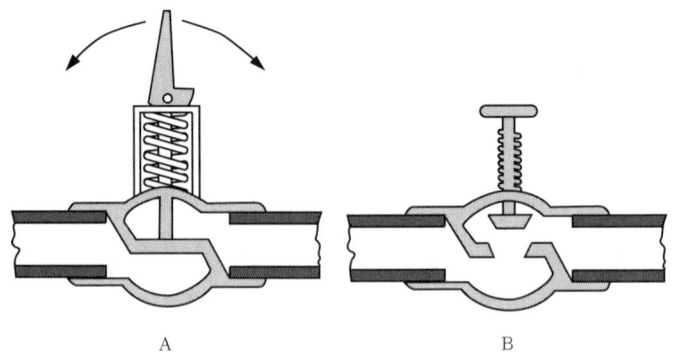

답 14. 자동적 15. ① 열거 ② 닫음 16. 들어가지 못하도록 17. 없다 18. B 19. A

제3장 | 경보 및 조업 중지 장치(Alarm and Shutdown Device) 179

2. 페일-세이프 밸브(Fail-Safe Valve)

020 아래의 밸브는 전원이 끊어지면 (계속 동작한다/동작이 중단된다).

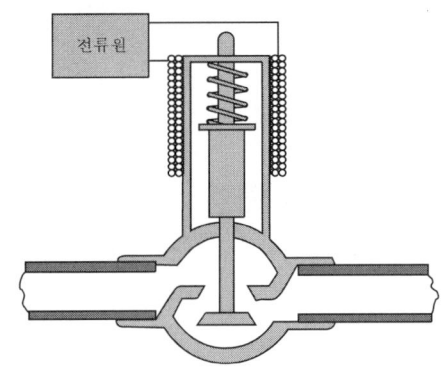

021 솔레노이드 안에는 스프링이 있다. 스프링은 전원이 끊어지면 밸브를 _____.

022 아래의 솔레노이드는 전원이 끊어지면 밸브를 _____.

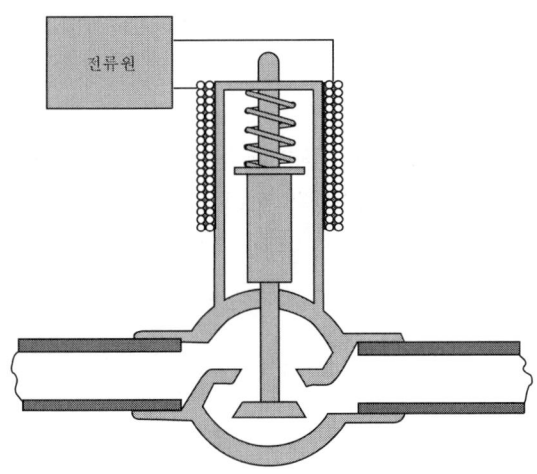

답 **20.** 동작이 중단된다 **21.** 닫는다 **22.** 연다

023 아래의 그림에서 공기압이 떨어지면 밸브는 _____.

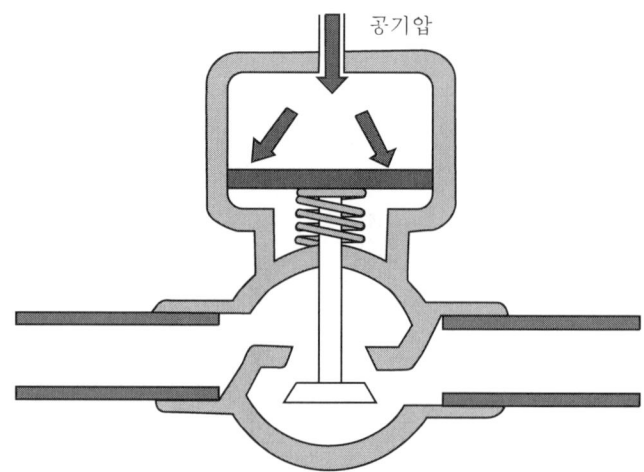

024 만일 냉각 시설에서 조절 밸브에 이상이 생기면 냉각 시설을 (계속 조업하도록/조업 중지하도록) 밸브는 동작되어야 한다.

025 따라서 밸브는 결과가 _____ 하도록 동작해야 한다는 것이다.

026 이러한 밸브를 _____ 밸브라 한다.

027 부식성 액체를 통과시키는 페일-세이프(Fail-Safe) 밸브는 조업 중지시 _____ 지도록 동작되어야 한다.

답 23. 닫힌다 24. 계속 조업하도록 25. 안전 26. 페일-세이프 27. 닫혀

3. 프로세스 조업 중지 (Shutting Down a Process)

028 조업 중지의 한 방법은 프로세스(로 들어가는/에서 나오는) 공급 액체의 흐름을 차단하는 것이다.

029 가열로 들어가는 연료는 조업 중지시 _____되어야 한다.

030 공기로 동작하는 파일럿을 생각해 보자.
공기 제어계에서 조업 중지시키는 하나의 방법은 파일럿 밸브에 공급되는 _____를 차단하는 것이다.

031 또 하나의 조업 중지 방법은 유체를 보내주는 _____를 중단시키는 것이다.

032 내연 기관에 의해 동작되는 프로세스에서는 카뷰레터로 들어가는 연료를 _____함으로써 조업 중지시킬 수 있다.

033 간단한 프로세스는 1단계로 처리되는 수도 있으나 복잡한 프로세스는 여러 단계를 거쳐야 한다. 복잡한 프로세스에서 고장이 생겨 조업 중지하려면 자동 조업 중 기계가 프로세스의 일부 또는 _____를 중단시킨다.

답 28. 로 들어가는 29. 중단 30. 공기 31. 펌프 32. 차단 33. 전부

034 증류탑을 조업 중지시키는 첫 단계는 가열 장치를 끄는 것이다.

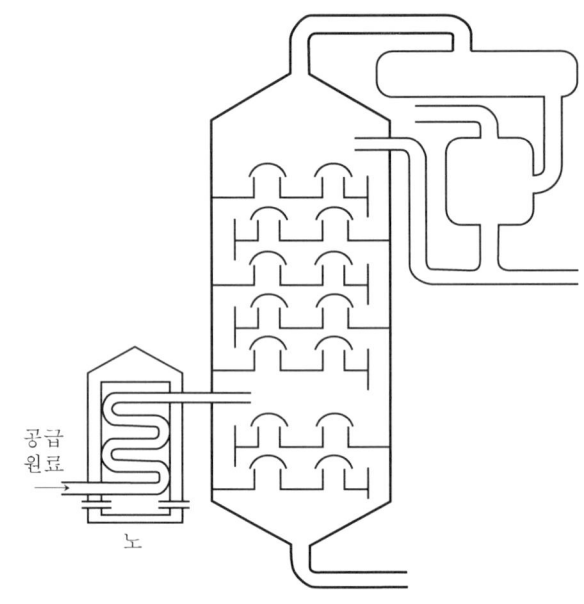

다음에는 _____ 유체를 멈추는 것이다.

035 계통 제어계에서 사용하는 자동 조업 중지는 계통 _____ 조업 중지라고 한다.

036 복잡한 프로세스에서는 고장이 생겨 조업 중지 조치를 취할 때는 그 조치 순서를 조금씩 바꿀 수도 있다.
자동 조업 중지계에서는 _____로서 이 작업을 수행한다.

037 조업원은 자기의 프로세스에서 어느 조업 중지 장치가 자동 시설로 되어 있는지 알아야 한다. 또한 자동 계통 제어 장치가 조업 중지시 어떻게 _____시키고, 순서를 _____하는지 알아야 한다.

답 34. 공급 35. 제어 36. 시퀀스 제어 37. ① 정지 ② 변경

4. 경보 및 조업 중지 장치는 어떻게 작동되나?
(How are Alarms and Shutdown Devices Set Off?)

038 경보 및 조업 중지 장치는 모두 개폐식(On-Off)으로 동작된다.
이것은 밸브가 완전히 _____ 거나 또는 _____ 는 것을 뜻한다.

039 아래의 그림은 전기적으로 동작하는 경보 및 조업 중지 장치이다.

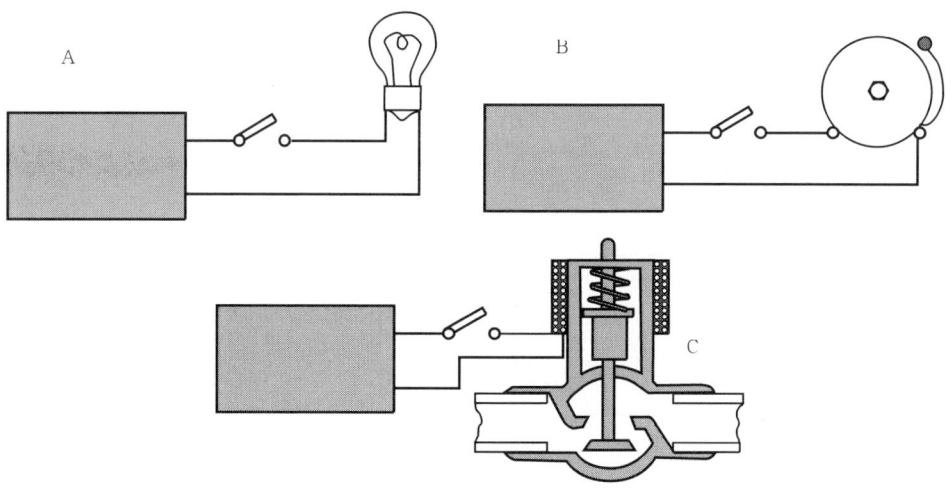

A와 B는 _____ 이고, C는 _____ 장치이다.

040 두 개의 경보 장치는 전기 회로가 _____ 되지 않으면 동작하지 않는다.

041 A 및 B에서 전구나 종은 다음의 어느 것을 동작시키는 것일까/
A. 조업원에게 경고해 준다.
B. 프로세스를 조업 중지시킨다.

답 38. ① 열리 ② 닫히 39. ① 경보 ② 조업 중지 40. 닫히게 41. A

042 그림 C에서 전기 회로가 닫히게 되면 _____는 닫힌다.

043 경보 및 조업 중지 장치는 (앞의 그림에서) (같은 원리/다른 원리)로 동작한다.

044 조업 중지 장치는 페일-세이프식이어야 하는가?
(그렇다/그렇지 않다).

045 조업 중지 장치에 대한 전원이 나갔다고 가정하자.
이때에 조업 중지 장치는 (동작해야 한다/동작해서는 안 된다).

046 아래의 조업 중지 장치를 보아라.

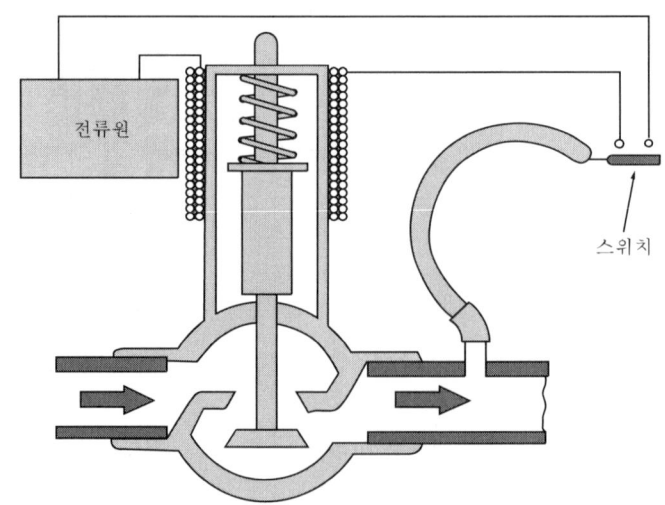

전원이 _____ 솔레노이드는 밸브를 닫는다.

답 42. 밸브 43. 같은 원리 44. 그렇다 45. 동작해야 한다 46. 나가면

047 전원이 끊어지면 :
A. 밸브는 자동적으로 닫힌다.
B. 손으로 동작시킬 때까지 열려 있다.

048 조업 중지 장치는 전기 회로가 끊어졌을 때에 (동작하도록/동작하지 않도록) 되어 있다.

049 이 교재의 각종 그림에서는 전기 회로가 연결되어 있을 때 조업 중지 장치가 동작하는 것같이 그려져 있는데 피교육자의 이해를 돕기 위한 것이다. 그러나 대부분의 조업 중지 또는 경보 장치는 전원이 _____ 때 동작하도록 되어 있다.

050 만일 전원이 들어왔을 때 조업 중지되면 _____한 조업을 할 수 없다.

---

47. A **48.** 동작하도록 **49.** 나갔을 **50.** 안전

5. 액위 경보 및 조업 중지 장치
(Level Alarm and Shutdown Device)

51 각종 저장 용기의 설계 용량에 따라 액위는 반드시 일정한 범위 내에서 유지되어야 한다.
만일 액위가 그 일정한 범위를 벗어나면 제어판은 조업원에게 _____를 주어야 한다.

52 액위가 (자동/수동)적으로 조절될 때, 액위가 위험 위치에 도달하게 되면 조업 중지 장치는 프로세스를 중단시킨다.

답 **51.** 경고 **52.** 자동

6. 플로트-스위치식 경보 장치
(Float-Switch Alarm)

053 아래의 그림은 간단한 액위 경보 장치이다.

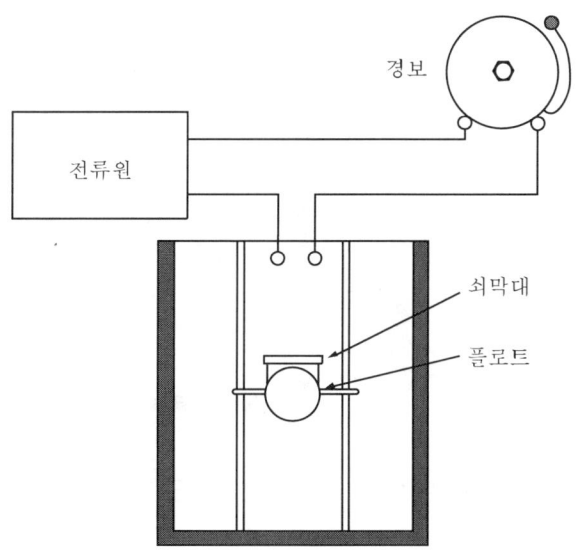

액위가 올라감에 따라 플로트도 _____.

054 액위가 올라감에 따라 쇠막대는 두 개의 접점을 연결하게 된다. 이것은 경보 회로가 _____ 것을 뜻한다.

055 경보종은 회로가 _____ 될 때 울린다.

056 이 경보종은 액위가 너무 _____ 때만 울린다.

---

53. 올라간다 54. 닫히는 55. 닫히게 56. 올라갈

057 이 경보 장치는 액위가 _____ 때 울리는 장치로 개조할 수도 있다.

058 플로트 스위치 경보는 조업 중지 장치로 사용할 수도 있다.

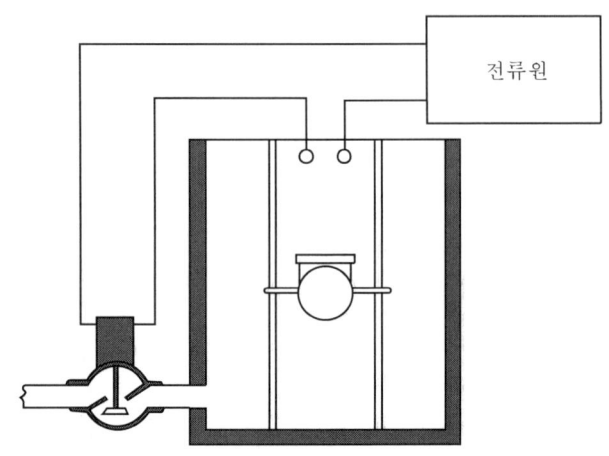

위의 그림은 경보 대신에 _____를 닫는 역할을 한다.

059 액위가 너무 올라가면 회로는 닫히고 밸브도 _____ 되어 탱크로 들어가는 액체를 중단시킨다.

060 액위는 더 이상 _____하지 않는다.

답 57. 낮을 58. 밸브 59. 닫히게 60. 증가

7. 자기 작동식 플로트 (Magnetic Follower Float)

061 어떤 액체는 계기의 부품을 파손시킬 수도 있다.

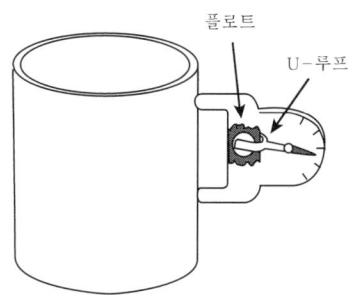

이 경우에는 액위를 검출하는 부품은 탱크 (외부/내부)에 설치되어 있다.

062 플로트와 자석은 서로 끌어당긴다.
플로트가 올라감에 따라 자석도 _____.

063 자석은 액위를 표시하는 계기에 연결되어 있다.

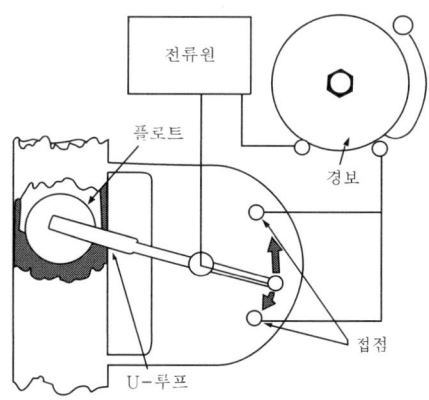

위의 그림에서 계측기(Meter) 대신에 전기 _____이 연결되어 있다.

답 61. 외부 62. 올라간다 63. 접점

064 만일 플로트가 너무 높이 올라가거나 너무 낮게 내려오면, 전기 회로는 _____ 되고 경고가 울린다.

065 (자기 작동식 플로트/플로트 스위치)는 부식성 액체에 적합하다.

---

64. 닫히게 **65.** 자기 작동식 플로트

8. 음파 액위계(Sonic Sensor)

066 때로 액체 내에서 직접 지시계를 설치해서 보는 것이 불가능할 때가 있다.

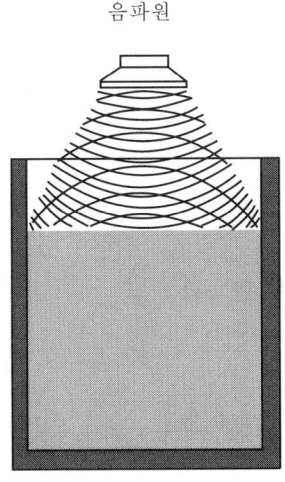

이 음파 액위계는 음파를 액체 _____에 보냈다가 되돌아오게 함으로써 액위를 측정한다.

067 음파는 액위 검출기로 되돌아간다. 액위가 높으면 액위가 낮을 때보다 음파를 받는 시간이 (길다/짧다).

068 음파 액위계도 액위가 너무 ____①____ 나 ____②____ 때 경보를 울리게 할 수 있다.

---

66. 표면 67. 짧다 68. ① 높거 ② 낮을

9. 서미스터식 경보 장치(Thermistor Alarm)

069 서미스터는 전기 저항이 변할 때의 전류의 변화를 측정한다.
서미스터의 _____가 변하면 저항이 변한다.

070 서미스터는 온도가 _____ 전류를 더 잘 통과시킨다.

071 서미스터는 그 내부에 가열기가 들어 있으며, 만일 물 속에 잠기지 않으면 그 저항은 (일정하다/변화한다).

072 찬 액체 속으로 들어가면 전류는 더 (많아진다/적어진다).

073 아래의 경보 장치를 보아라.

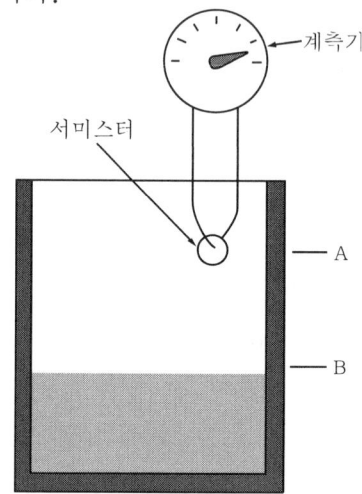

여기서 검출기는 (서미스터/계측기)이다.

답   **69.** 온도   **70.** 올라가면   **71.** 일정하다   **72.** 적어진다   **73.** 서미스터

074 아래의 그림에서 액체는 온도가 낮아진다고 하자.

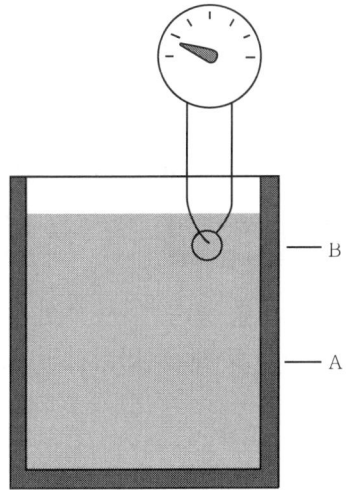

액위가 B점에 달하면 서미스터는 차가워지고 전류는 _____ 진다.

075 그러면 계측기는 (높은/낮은) 값을 지시한다.

076 이 서미스터 계측기는(고/저) 액위 경보 장치이다.

077 이 계에서 서미스터는 바로 위험 액위 밑에 있다. 이 서미스터는 A지점 상하의 액위 변화를 (지시한다/지시하지 않는다).

078 대부분의 정유공장에서 사용하는 각종 액체는 증발하기 쉬운 것들이다. 어떤 전기 장치는 불꽃을 일으키고 때로는 _____ 을 일으킬 수가 있다.

079 이 경우에는 (전기식/공기식) 경보 장치 및 조업 중지 장치가 사용된다.

답 74. 적어 75. 낮은 76. 고 77. 지시하지 않는다 78. 폭발 79. 공기식

080 아래의 두 탱크를 비교해 보라.

B 탱크의 액위가 높으므로 탱크 밑바닥의 압력은 _____ 탱크가 크다.

081 아래의 그림에서는 압력계가 격막 계기로 대치된 것이다. 액위가 증가하면 탱크 밑바닥의 압력은 _____ 한다.

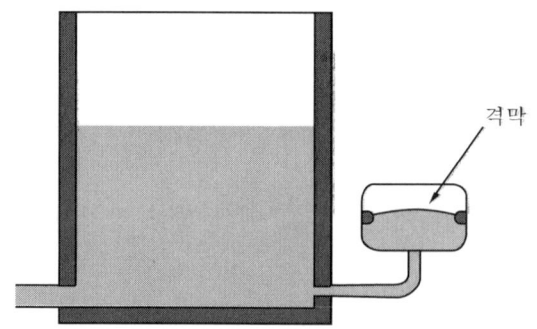

082 격막의 중심부는 (위로/아래로) 팽창한다.

답   80. B   81. 증가   82. 위로

10. 스냅 작동식 파일럿 밸브
(Sanp Acting Pilot Valve)

083 파일럿 밸브는 격막에 연결될 수 있다.

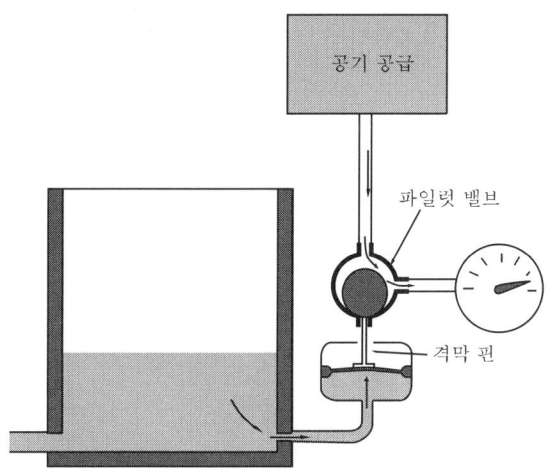

파일럿 밸브는 _____이 움직일 때 동작한다.

084 격막이 올라가면 핀을 위로 밀고, 밸브는 공기 공급라인을 _____.

085 파일럿 밸브가 닫히게 되면 공기 압력계는 압력이 없어져 0을 지시하게 된다.

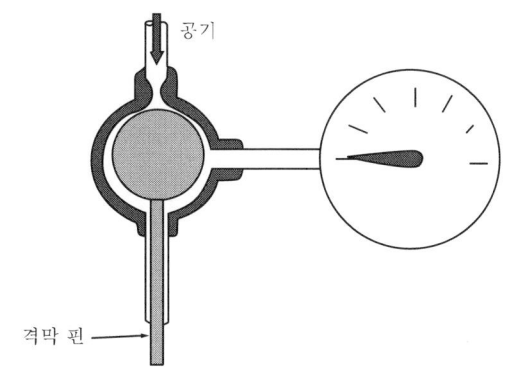

이러한 계기는 _____를 사용하지 않고 공기 경보 장치를 동작시킬 수 있다.

---

83. 격막 **84.** 닫는다 **85.** 전기

086 보통 파일럿 밸브는 공기를 차단할 때 대단히 적은 양만 움직여도 된다. 밸브는 _____ 라인을 차단한다.

087 이런 종류의 밸브를 스냅 작동식(Snap acting) 파일럿 밸브라고 한다. 스냅 작동식 파일럿 밸브는 주로 (공기식/전기식) 조업 중지 장치에 사용되고, 또한 압력 스위치를 동작시키는 데도 사용된다.

088 만일 불꽃이 별로 문제되지 않는 곳에서는 _____식 스위치를 사용해도 된다.

답 **86.** 쉽게 **87.** 공기식 **88.** 전기

11. 압력 경보 및 조업 중지 장치
(Pressure Alarm and Shutdown Device)

089 아래의 두 스냅 작동식 장치를 비교해 보아라.

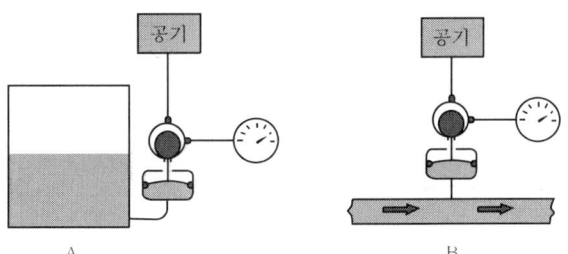

A에서는 (액위/압력)가 목표값 이상에 달했을 때 경보가 울리도록 되어 있다.

090 B에서는 _____이 증가했을 때 파일럿 밸브가 동작하도록 되어 있다.

091 압력이 증가하면 파일럿 밸브는 격막의 동작에 의해서 _____도록 되어 있다.

092 아래의 경보 장치를 보아라.

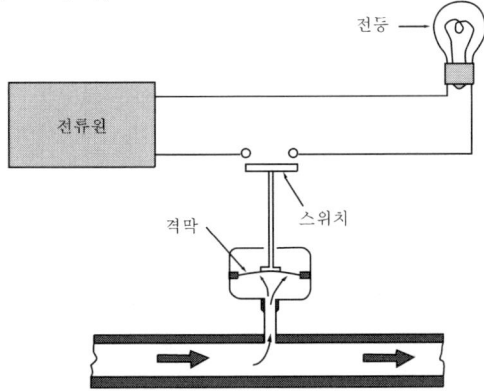

이 그림은 공기 스위치 대신에 _____ 스위치를 사용하고 있다.

답 89. 액위 90. 압력 91. 닫히 92. 전기

093 압력이 증가하면 격막은 회로를 _____.

094 부르동관도 격막과 마찬가지로 수은 스위치(Mercury switch)에 연결하여 경보 장치를 동작시키는 데 사용할 수 있다.

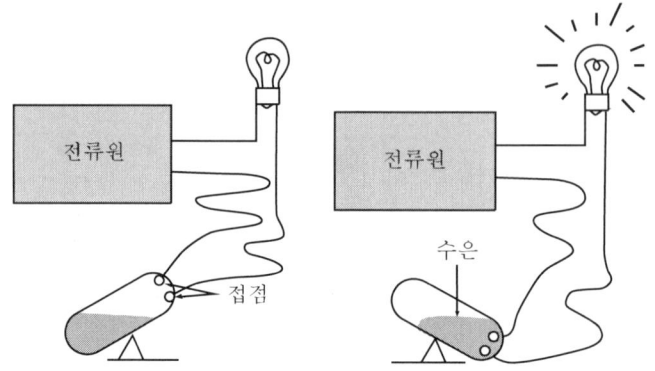

수은 스위치는 _____ 개의 접점과 약간의 수은으로 되어 있다.

095 만일 수은이 두 개의 접점을 동시에 접촉하면 회로는 _____.

096 수은이 들어 있는 스위치를 _____으로써 회로는 열리고 닫힌다.

097 부르동관은 압력이 증가하고 내려감에 따라 코일이 ___①___ 또 ___②___.

답 93. 닫는다 94. 두 95. 닫힌다 96. 움직임 97. ① 감기고 ② 풀린다

제3장 | 경보 및 조업 중지 장치(Alarm and Shutdown Device) 199

098 아래의 그림에서 수은 스위치는 부르동관의 움직임에 따라 붙거나 또는 떨어지거나 한다.

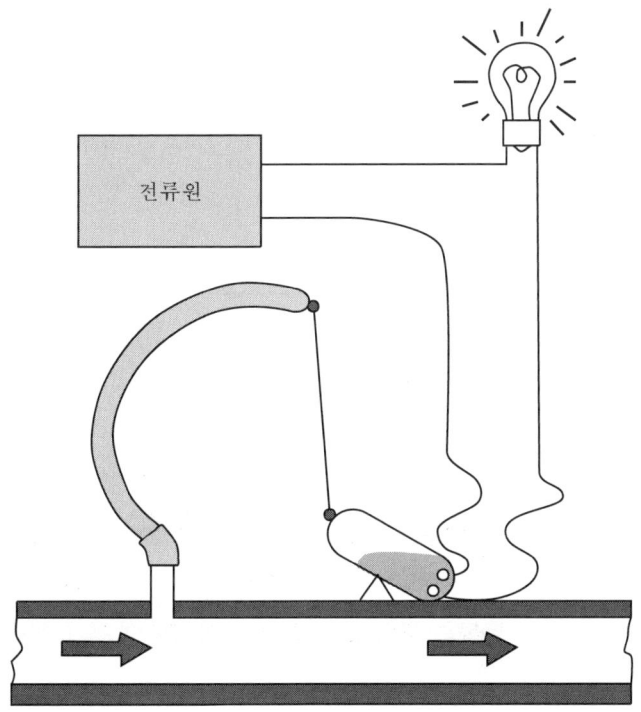

만일 부르동관 내의 압력이 증가하면 수은이 _____을 연결하도록 동작한다.

099 따라서 회로가 구성되고 경보 장치가 (켜진다/꺼진다).

---

98. 접점 99. 켜진다

12. 유량 경보 및 조업 중지 장치
(Flow Alarm and Shutdoun Device)

100 만일 우리가 달리는 차창 밖으로 손을 내밀면 공기는 손바닥을 밀게 된다.

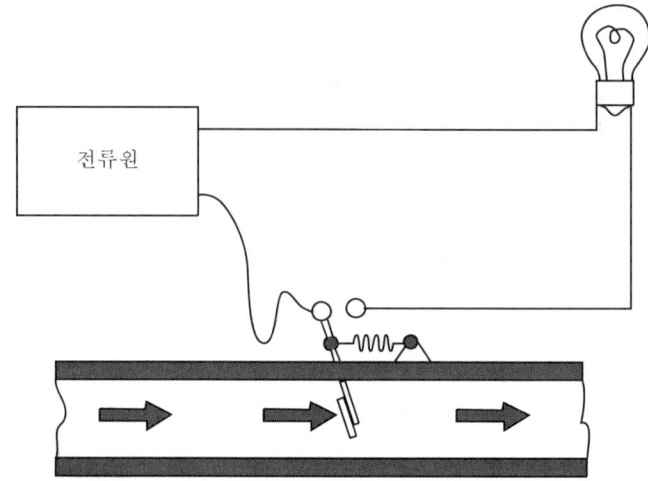

만일 흐르는 유체 내에 노(Paddle)를 설치하면 유체는 _____를 밀게 된다.

101 이 노는 스프링에 연결되어 있다고 하자.
파이프 내를 유체가 흐르고 있는 동안은 이 스위치는 노에 의해서 _____ 있다.

102 만일 유체가 멈추면 스프링은 스위치를 _____.

103 스위치가 닫혀 있으면 _____ 등에 불이 들어오게 된다.

답 **100.** 노(Paddle) **101.** 열려 **102.** 닫는다 **103.** 경보

104 오리피스 판이나 유량 노즐은 경보 또는 조업 중지 장치로 사용될 수 있다.

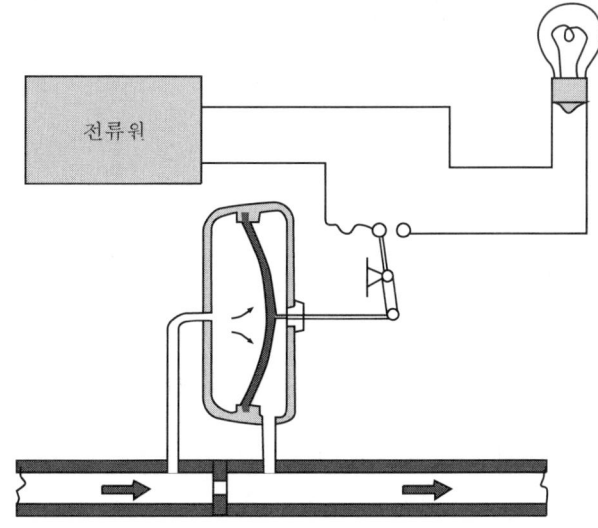

위의 그림에서 스위치 기구는 _____에 연결되어 있다.

105 어떤 일정 범위 내의 유량을 유지하고 있는 한 오리피스에 의한 압력 강하는 스위치를 _____ 있게 한다.

106 유량이 너무 떨어지면 격막은 움직여 회로를 닫히게 한다.
회로가 닫히게 되면 _____ 등에 불이 들어온다.

107 안전을 기하여 전기계는 공기계로 바꿀 수 있다.
스위치는 _____ 밸브를 대신 사용할 수 있다.

답 **104.** 격막 **105.** 열려 **106.** 경보 **107.** 파일럿

13. 전기식 유량 경보 장치
(Electrical Flow Alarm)

108 냉각은 :
A. 유체를 천천히 흐르게 함으로써
B. 유체를 빨리 흐르게 함으로써
더욱 잘 달성된다.

109 유체가 더 빨리 흐름으로써 (더 많은/더 적은) 열량을 빼앗아온다.

110 아래의 그림을 보아라.

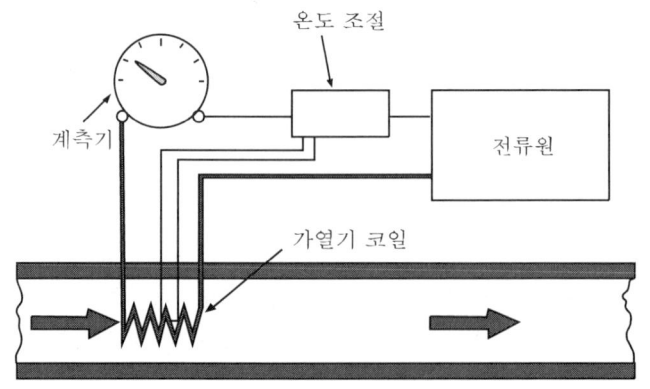

절연된 _____의 코일이 파이프 내에 설치되어 있다.

111 계측기는 코일을 가열하기 위하여 얼마나 많은 _____가 사용되는가를 나타내 준다.

답 108. B 109. 더 많은 110. 가열기 111. 전류

112 액체가 더 빨리 흐르면 (더 많은/더 적은) 열량을 코일로부터 뺏는다.

113 코일의 온도를 일정하게 유지하기 위하여 코일로 보내는 전류의 크기는 유량이 증가함에 따라 _____되어야 한다.

114 유량이 증가하면 계측기는 보다 _____ 눈금을 표시한다.

115 이 시스템은 ___①___ 또는 ___②___ 장치에 적용할 수 있다.

---

112. 더 많은 **113.** 증가 **114.** 높은 **115.** ① 경보 ② 조업 중지

14. 온도 경보 및 조업 중지 장치
(Temperature Alarm and Shutdown Device)

(1) 부르동관(Bourdon Tube)

116 만일 관 내에 가스나 액체를 채우고 닫은 뒤에 가열하면 관 내의 압력은 _____ 한다.

117 아래의 그림은 온도에 따라 동작하는 프로브를 관 내에 설치한 것이다.

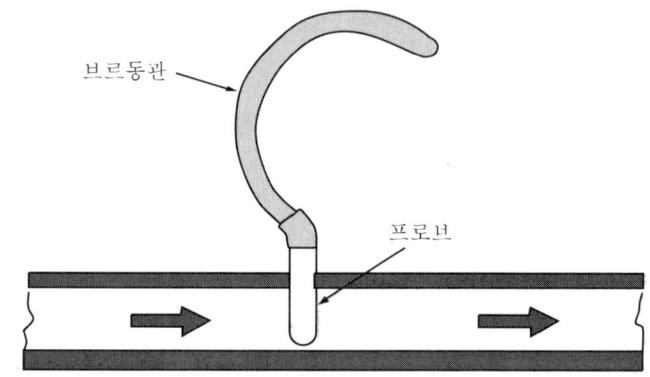

프로브는 _____ 에 연결되어 있다.

118 액체 온도가 증가하면 프로브는 가열되고 부르동관 내의 압력은 _____ 한다.

119 관은 (펴진다/구부러진다).

120 회로가 닫히면 경보 램프가 켜진다. 따라서 스위치를 경보 장치 대신에 조절 밸브를 동작하도록 연결하면, 부르동관은 자동식 _____ 장치가 될 수 있다.

답 **116.** 증가 **117.** 부르동관 **118.** 증가 **119.** 펴진다 **120.** 조업 중지

제3장 | 경보 및 조업 중지 장치(Alarm and Shutdown Device) 205

121 고온 경보 또는 조업 중지 장치는 종종 가스를 채운 헬릭스(Helix)로 조작된다.

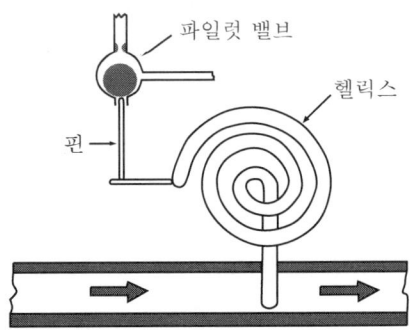

헬릭스는 _____ 밸브를 동작시킨다.

122 부르동관의 끝은 수은 스위치에 연결될 수 있다.

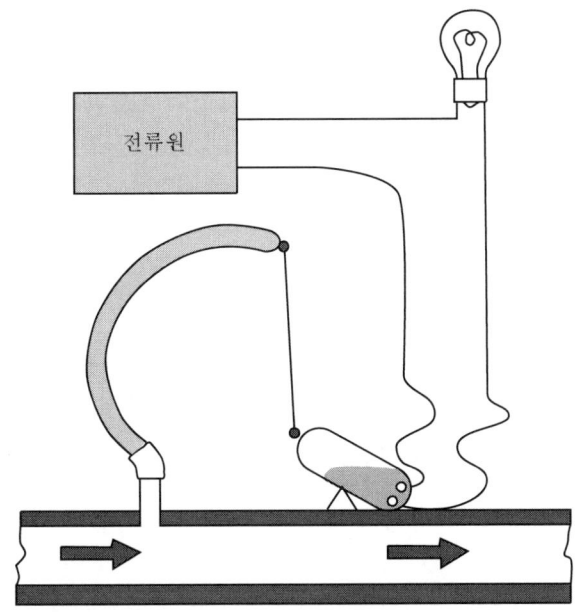

액체 온도가 증가하면 회로는 (열린다/닫힌다).

123 헬릭스는 작은 변화에 의해 밸브를 개폐시킬 수 있다.
이것은 스냅 작동식 파일럿 밸브(이다/가 아니다).

답 **121.** 파일럿 **122.** 닫힌다 **123.** 이다

15. 바이메탈식 경보 장치(Bimetallic Alarm)

124 바이메탈은 종종 온도계에 사용된다.

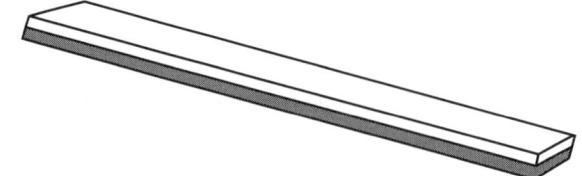

바이메탈은 다음의 어느 것인가?
A. 하나의 금속체
B. 두 개의 금속체로 되어 있다.

125 금속은 가열되면 (팽창/수축)한다.

126 금속의 종류가 틀리면 팽창 및 수축의 도가 _____.

127 두 개의 금속띠로 된 것이 바이메탈판(Bimetallic strip)이며, 이것은 가열되면 띠는 _____진다.

답 124. B 125. 팽창 126. 다르다 127. 구부러

128 금속의 수축 및 팽창 성질을 이용하여 스냅 작동식 장치에 응용할 수 있다.

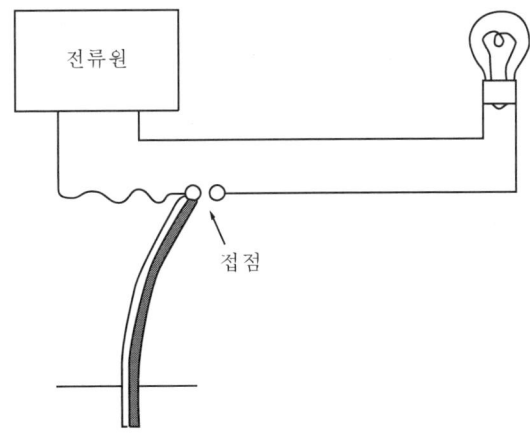

금속띠가 가열되면 스위치가 _____ 된다.

129 회로가 구성되면 _____ 램프에 불이 들어온다.

130 바이메탈은 또한 솔레노이드 _____ 에 사용되는 수도 있다.

답   128. 닫히게   129. 경보   130. 밸브

16. 경보 지시기(Alarm-Set Pointer)

131 열전쌍은 전기적으로 온도를 측정하는 것이다. 이 계측기가 증가된 전류를 지시할 때는 바로 측정하는 온도가 _____ 하였음을 뜻한다.

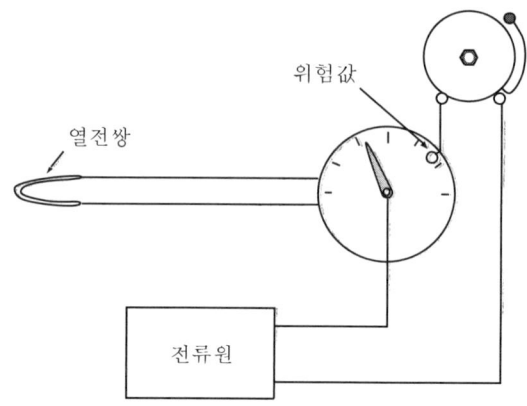

132 온도가 위험값에 달하면 지침은 접점을 연결하여 _____를 구성한다.

133 따라서 경보를 울릴 수 있거나 또는 _____ 장치를 동작시킬 수 있다.

134 이것은 계측기 자체가 _____ 역할을 하는 것이다.

---

131. 증가 **132.** 회로 **133.** 조업 중지 **134.** 스위치

제3장 | 경보 및 조업 중지 장치(Alarm and Shutdown Device) 209

135 이러한 경보 장치를 경보 지시계라 한다.

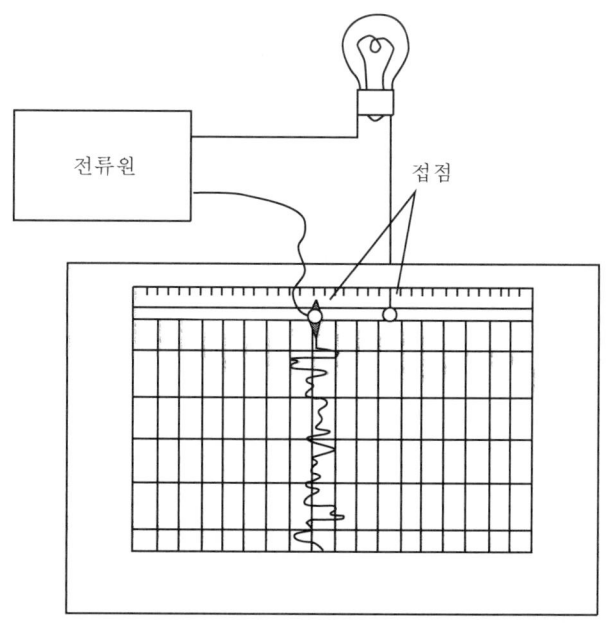

그림과 같이 길게 말려 있는 종이를 사용하는 기록계는 액위, 유량 등을 _____하는 데 사용된다.

136 이런 기록계에서 기록핀은 마치 지시 계기에서의 _____와 같은 역할을 한다.

137 기록핀은 위험값에 달했을 때 _____에 닿도록 사용함으로써 경보 장치를 겸할 수 있다.

138 계기가 위험값을 나타내면 ____①____ 또는 ____②____ 장치가 동작된다.

139 경보를 알려 준 후에는 조업원이 (수동/자동)으로 복귀시키는 장치가 있어야 한다.

🗐 **135.** 기록 **136.** 지시계 **137.** 접점 **138.** ① 경보 ② 조업 중지 **139.** 수동

140 조업 중지 장치는 프로세스의 상태가 악화됨을 가리키는 것이지 인원의 _____이나 장치의 _____을 가리키는 것은 아니다.

---

140. ① 불안전 ② 손상

17. 복습 및 요약(Review and Summary)

141 측정 계기는 경보 및 조업 중지 장치에 겸해서 사용할 수 있다.
공기식 계기는 밸브나 경보 장치를 동작시키는 데 _____ 압력을 이용한다.

142 공기계에서는 측정 계시는 접점을 _____ 또는 _____ 하는 데 사용될 수도 있다.

143 아래의 그림에 알맞은 명칭을 골라라.

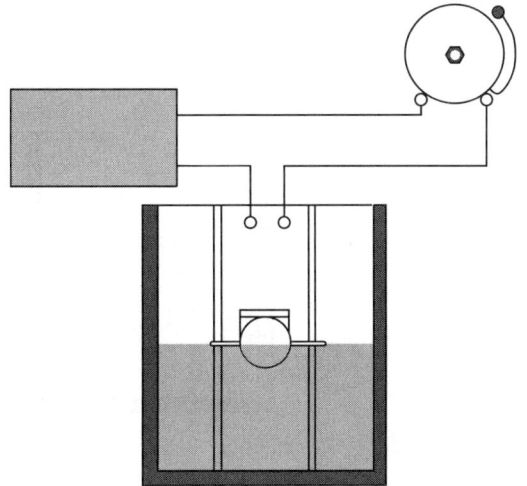

(① 경보/조업 중지/ 둘 다 해당됨/어느 것도 해당 안 됨)

답 141. 공기 142. ① 닫거나 ② 열리게 143. ① 경보

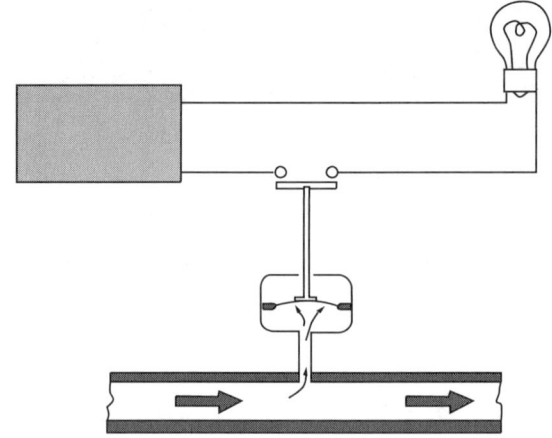

(② 경보/조업 중지/ 둘 다 해당됨/어느 것도 해당 안 됨)

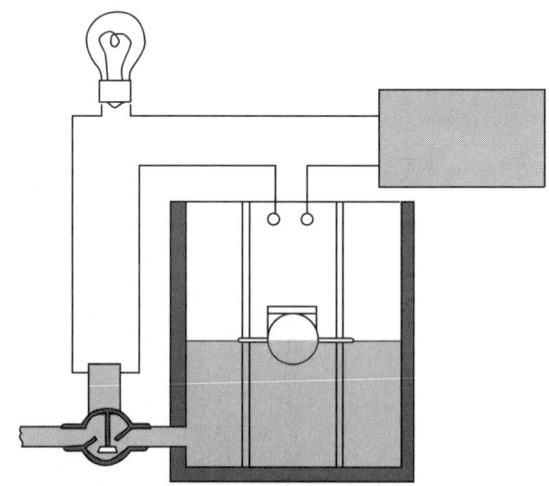

(③ 경보/조업 중지/ 둘 다 해당됨/어느 것도 해당 안 됨)

답   ② 경보   ③ 둘 다 해당됨

제3장 | 경보 및 조업 중지 장치(Alarm and Shutdown Device) 213

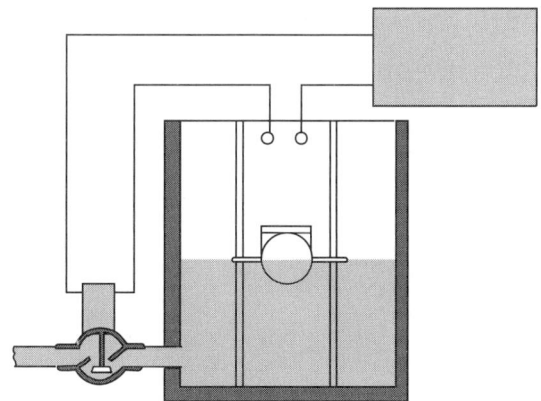

(④ 경보/조업 중지/ 둘 다 해당됨/어느 것도 해당 안 됨).

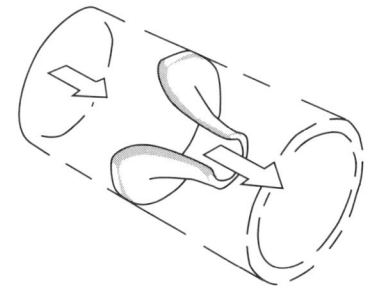

(⑤ 경보/조업 중지/ 둘 다 해당됨/어느 것도 해당 안 됨).

144 아래의 그림을 보아라.

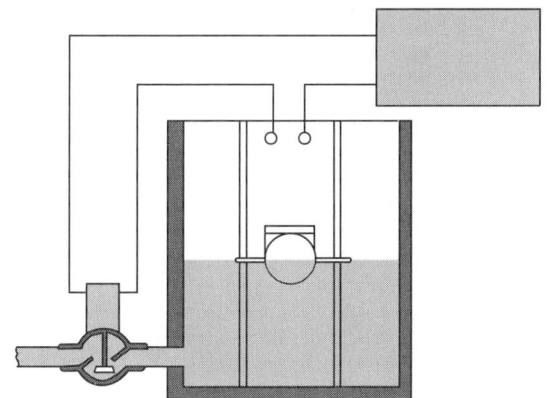

이 조업 중지 장치는 밸브를 _____ 함으로써 프로세스의 조업을 중지시킨다.

④ 조업 중지   ⑤ 어느 것도 해당 안 됨   **144.** 닫히게

145 _____밸브는 밸브 동작이 멈추더라도 프로세스의 조업 또는 안전에 지장을 초래하지 않는 밸브이다.

146 보다 안전한 조업을 위해서는 전기가 나갔을 때 조업 중지 장치가 _____ 되어야 한다.

답 **145.** 페일 세이프 **146.** 동작

PART 03

조절계 및 조절 방식
(Controller and Control Mode)

1. 조절계
   (Controller)
2. 미분 동작 및 적분 동작을 하는 비례 동작 조절계
   (Proportional Controller with Rate and Reset Action)
3. 조절계의 사용
   (Working with Controller)

CHAPTER 01

조절계
(Controller)

1. 조절계는 왜 필요한가?

001 공정(工程)의 변수(Variable)는 _____의 개폐에 의해 조절된다.

002 공정을 위해 100GPM의 유속(Flow rate)을 요구한다고 하자.
조절 _____는 공정에 꼭 100GPM을 허용하도록 조정된다.

003 만약 유속이 100GPM에서 변하지 않는다면 :
A. 조절 밸브를 조절할 필요가 없다.
B. 조절 밸브를 끊임없이 조절해야 한다.

004 공정에 공급되는 액체 내에 작용하는 압력 변화가 있다고 하자.

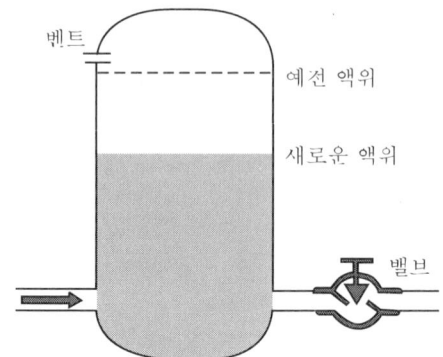

탱크 내의 액위가 변하면 액체의 압력은 _____한다.

005 공정으로 들어가는 유속은 :
A. 100GPM을 유지한다.
B. 변한다.

답 1. 밸브 2. 밸브 3. A 4. 변화 5. B

제1장 | 조절계(Controller) 219

006 적당한 유속을 유지하기 위해 조절 밸브를 _____하여야 한다.

007 조절 밸브는 조절계에 의해 조정된다.
조절계는 :
A. 조업원일 수 있다.
B. 계기일 수 있다.
C. 조업원 또는 계기일 수 있다.

008 조절계는 일종의 (계기/조업원)이다.

009 조절계는 공정에 _____이 있을 때만 작동한다.

010 공정 변화가 없을 때는 _____는 작동하지 않는다.

011 공정 변수가 완전히 일정할 때는 조절계는 필요가 없다. 이것은 전형적인 공장 장치에서 (가능하다/불가능하다).

---

6. 조절 7. C 8. 계기 9. 변화 또는 혼란 10. 조절계 11. 불가능하다

2. 조절계는 어떻게 작동되나?

12 조절계는 공정 변수를 목표값에 맞도록 _____를 조정하여야 한다.

13 조절계가 조절하는 목표값을 설정값(Set point)이라 한다.
온도 측정 장치가 목표값과 일치할 때는 조절계는 설정값을 (지시한다/지시하지 않는다).

14 온도가 목표값에 와 있지 않으면 온도 지시기는 조절계의 _____과 일치하지 않는다.

15 조절계는 아래의 경우에 작동된다.
A. 공정이 목표값과 일치하지 않을 때
B. 공정이 목표값과 일치할 때

16 공정이 어떠한 공정 변수로 인해 설정값으로부터 멀어지고 있을 때, 그 변수에 관계되는 (모든/일부의) 조절계들은 작동해야 한다.

답 12. 밸브 13. 지시한다 14. 설정값 15. A 16. 모든

017 아래의 그림은 간단한 온도 조절의 실례를 나타낸 것이다.

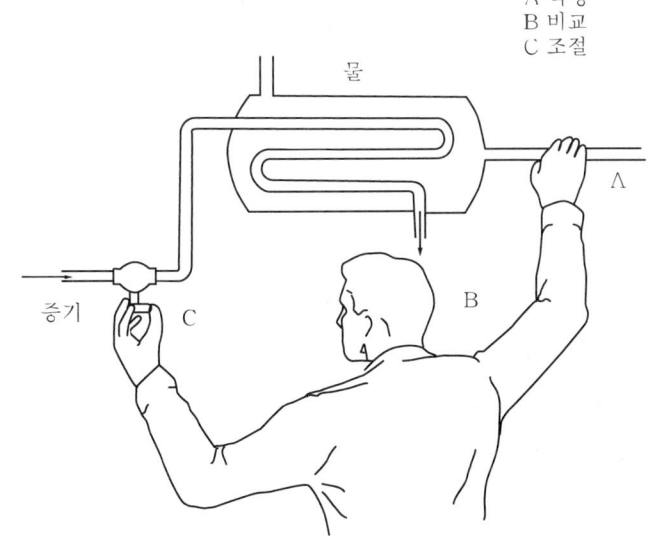

A 측정
B 비교
C 조절

조절계는 _____ 이다.

018 조업원이 _____ 로 느끼는 감각은 온도 지시기의 역할을 한다.

019 조업원의 _____ 이 밸브를 열고 닫는다.

020 조업원은 촉감을 통해 상황을 알게 된다.
또한 조업원은 촉감을 비교하여 _____ 으로 어떻게 변화시켜야 하는가를 알고 있다.

021 공정 측정값이 목표값과 같다면 조업원은 :
A. 조절한다.
B. 아무것도 하지 않는다.

---

17. 조업원 **18.** 피부 **19.** 손 **20.** 목표값 **21.** B

022 측정값과 목표값이 다를 때는 조절 _____를 조절한다.

023 공정을 냉각시키기 위해 조절 밸브를 닫는다고 하자.
조업원은 공정의 냉각 여부를 어떻게 알 수 있을까?
조업원은 _____에 의한 감촉으로 이것을 알게 된다.

024 조절계가 매번 조절을 할 때마다 측정 장치는 그에 의해 일어나고 있는 사실을 알 수 있도록 되돌려 알려 주어야 한다.
앞의 예에서는 조업원은 자기의 _____에 의해 귀환 정보(Feedback information)를 얻게 된다.

025 다음은 어떤 공정을 조절하기 위해 필요로 하는 단계들이다.
첫째 : 공정 변수를 측정한다.
둘째 : 측정값을 설정값과 ___①___ 한다.
셋째 : 위의 양자간에 차이가 있다면 ___②___ 를 움직인다.
넷째 : 몇 가지 장치에 의해 조절계에게 ___③___ 를 제공한다.
다섯째 : 이 귀환 정보는 조절계에게 변화된 사항을 알려 준다.

026 귀환 정보가 조절계의 설정값과 일치하지 않으면 :
A. 조절계는 조절을 위한 작동을 하지 않는다.
B. 조절계는 설정값에 이를 때까지 계속 작동한다.

답 22. 밸브 23. 피부 24. 손 25. ① 비교 ② 밸브 ③ 귀환 정보 26. B

027 아래의 그림에서 측정되는 위치에 "A"를 써 넣어라.

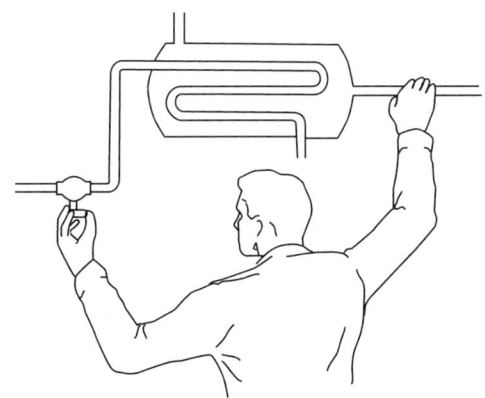

비교되는 위치에 "B"를 써 넣어라.
밸브 위치 조정이 이루어지고 있는 곳에 "C"를 써 넣어라.
귀환 정보가 주어지는 곳에 "D"를 써 넣어라.

028 아래의 조업에는 앞의 것과는 약간 다르다.

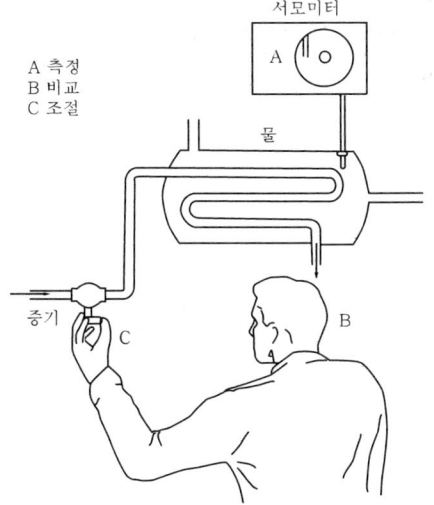

조업원은 측정과 귀환 정보를 아래에 의해 얻는다.
A. 자기의 손의 촉감에 의해
B. 온도계 문자판을 읽음으로써

답 27. 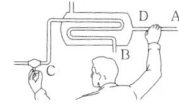   28. B

029 조절계는 _____이다.

030 밸브는 (수동/자동)으로 조절한다.

031 다음은 자동 조절의 예이다.

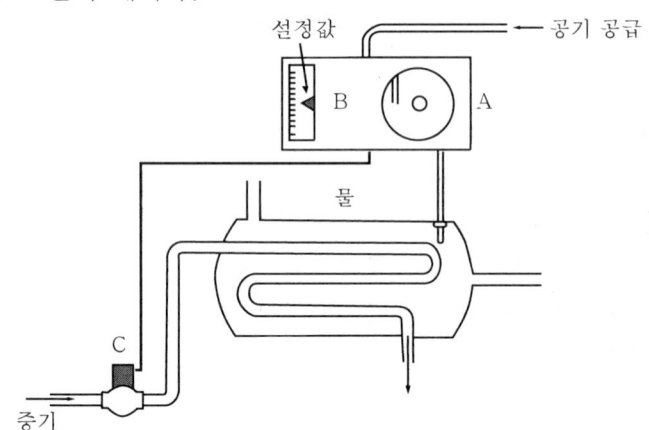

공정 온도는 (① A/B/C)에서 측정된다.
"B"에서 공정 측정값은 설정값과 ___②___ 된다.
"C"에서 공정이 ___③___ 된다.

답 **29.** 조업원 **30.** 수동 **31.** ① A ② 비교 ③ 조절

3. 조절 루프(The Control Loop)

032 다음의 그림은 완전한 조절 루프를 나타낸 것이다.

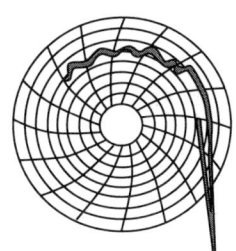

하나의 조절 루프는 밸브를 _____하기 위한 모든 부속물을 가지고 있다.

033 위의 표시된 조절 루프는 :
A. 폐쇄된 것이다.
B. 개방된 것이다.

034 처음에 공정 측정 장치는 조절계에 신호를 보낸다.
조절계는 _____ 탐지기이다.

035 동시에 이미 결정된 _____이 조절계의 편차 탐지기에 주어진다.

036 편차 탐지기는 공정에서 보내온 신호와 설정값 신호를 _____한다.

037 만약 측정된 신호와 설정값과의 사이에 차이가 있으면 :
A. 아무것도 일어나지 않는다.
B. 편차 신호는 조절 밸브로 보내진다.

---

32. 조절 **33.** A **34.** 편차 **35.** 설정값 **36.** 비교 **37.** B

038 포지셔너(Positioner)는 밸브 조정 _____를 조정한다.

039 조절 밸브는 공정을 변화시킨다.
이 변화된 사실은 _____기에 의해 조절계로 알려진다.

040 이 변화에 대한 정보를 조절계에 대한 공정 _____라 한다.

답 **38.** 위치 **39.** 측정 **40.** 귀환 정보

4. 시스템 응답(System Response)

041 조절 루프의 모든 부속 기기들이 공정 변화를 발견하고 밸브 조절을 한 다음 공정 귀환 정보를 얻는 데는 시간이 걸린다.
이 시간이 적으면 적을수록 조절 루프의 효율은 (보다 좋다/보다 나쁘다).

042 계기는 _____이 변할 때 이 변화와 같은 빠른 속도로 작동해야 한다.

043 계기에는 흔히 지연 시간(Time leg)이 있다.

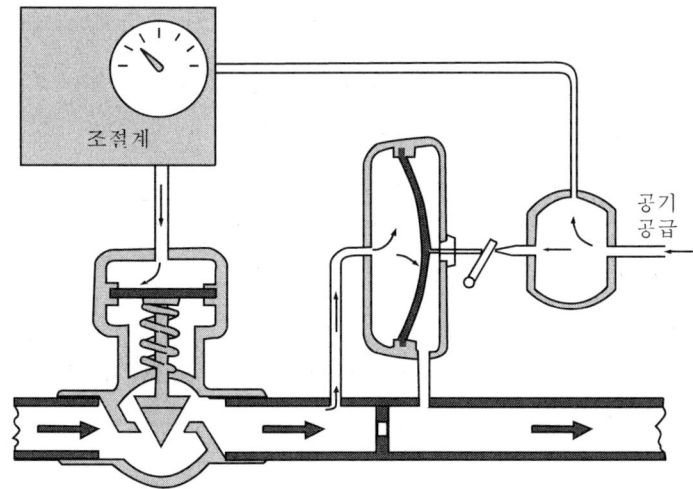

그림에서 보는 계기들은 (공기 압력에 의한/전기적) 신호에 따라 작동한다.

044 신호를 보내야 할 거리가 멀면 멀수록 이 신호를 받는 시간은 그만큼 _____.

045 위의 사실은 계기들이 공정 _____에 대하여 즉시 작동치 않음을 말해 준다.

답 **41.** 보다 좋다 **42.** 공정 **43.** 공기 압력에 의한 **44.** 더 길다 **45.** 변화

046 간혹 계기 변화와 공정 변화 사이에 지연 시간이 생길 때가 있다.
위의 조절 밸브는 공정으로부터 (가까운/먼) 거리에 있다.

047 조절 밸브 위치의 변화는 (즉시/얼마간 시간이 흐른 다음에) 공정에 영향을 줄 것이다.

048 한 번 조절 한 후 공정이 변화하는 데는 시간이 걸린다.

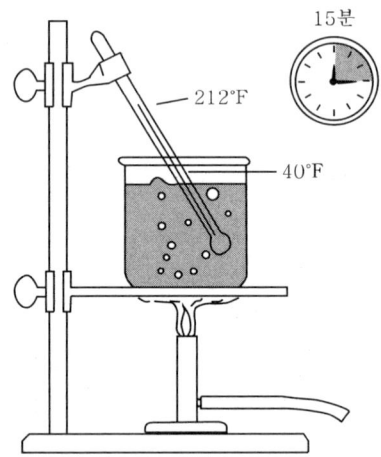

비커에 가한 열에 의해 온도가 40°F로부터 212°F까지 올라가는 데 15분의 시간이 걸린다.
이 비커 밑의 열을 올려줌으로써 온도는 즉각 212°F에 (도달하게 된다/도달하지는 못한다).

049 물의 온도는 열의 증가와 함께 즉시 (변화한다/변화하지 않는다).

050 공정의 온도 변화는 :
A. 조절 밸브의 변화에 따라 즉시 일어난다.
B. 조절 밸브가 어떻게 변화하든 시간이 걸려 일어난다.

답 **46.** 먼　**47.** 얼마간 시간이 흐른 다음에　**48.** 도달하지는 못한다　**49.** 변화하지 않는다
50. B

51 계기와 공정이 변화하는 동안 걸린 시간을 시스템 응답이라 한다.
시스템 응답은 조절 루프가 얼마나 _____ 움직일 수 있는가를 가리킨다.

52 다음의 어느 것이 시스템 응답에 해당하는가? 맞는 것에 ○표를 하여라.
① 공정 측정값
② 편차 탐지
③ 조절 밸브로 가는 편차 신호
④ 조절 밸브 조정
⑤ 공정 변화
⑥ 공정으로부터 오는 귀환 정보

53 다음의 어느 것이 시스템 응답의 경우에 해당하는가?
A. 계기 응답
B. 공정 응답
C. A와 B 모두

---

51. 빠르게   52. ① ○ ② ○ ③ ○ ④ ○ ⑤ ○ ⑥ ○   53. C

5. 편차와 진동(Offset and Oscillation)

054 편차(Offset)는 공정 측정값과 차이가 있을 때에 생긴다.

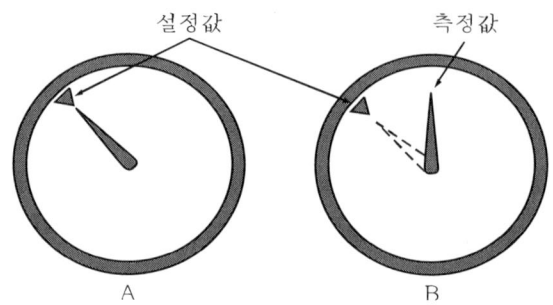

위의 계기 중 (A/B)는 편차를 나타내고 있다.

055 기록용 계기는 공정의 편차를 나타내기 위해 사용할 수 있다.

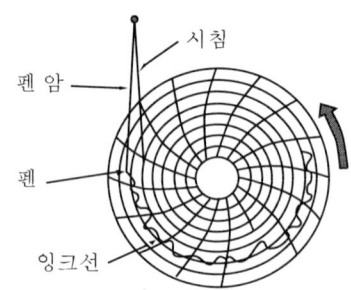

그림 위의 시침(Pointer)은 설정값이 온도 기록계상의 어디인가를 보여 주고 있다.

_____은 시간이 지나감에 따라 공정 온도를 기록한다.

답 54. B 55. 펜

056 다음 그림을 보아라.

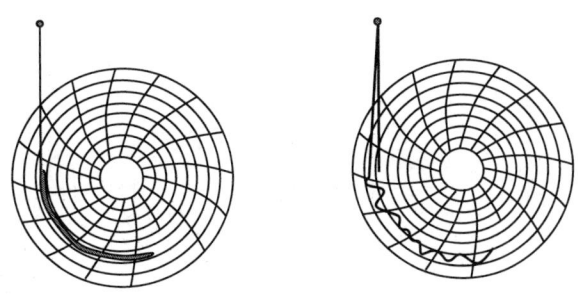

공정 온도가 설정값과 같은 경우에 펜과 시침은 _____.

057 펜이 시침으로부터 멀어짐에 따라 _____가 생긴다.

058 공정 측정값이 설정값의 아래위로 움직이고 있을 때는 이 공정은 흔들리고 있는 것이다.

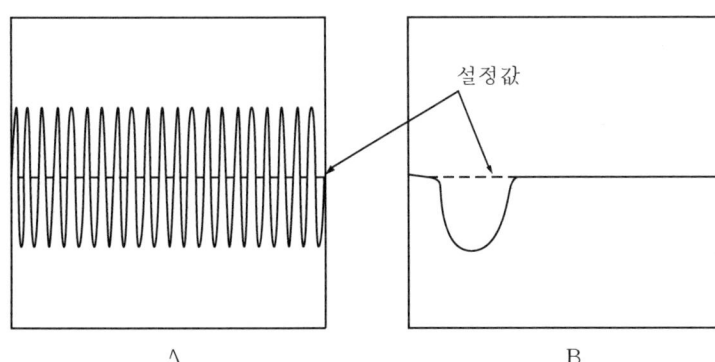

기록계 (A/B)는 흔들리고 있는 공정을 나타낸다.

답 56. 일치한다 57. 편차 58. A

59 다음의 압력 기록계에 의하면 공정에서는 무엇이 일어나고 있는 것일까?

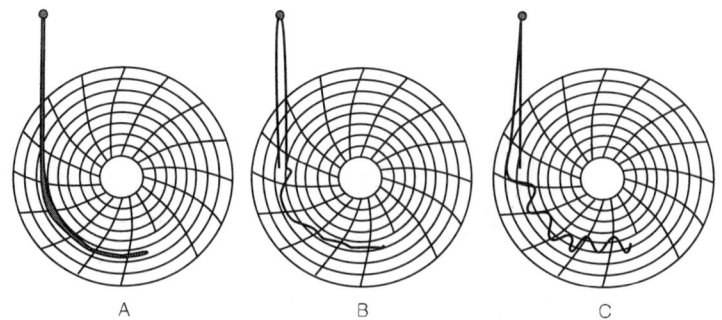

공정이 설정값에 있는 것은 ____①____ 이다.
편차가 생기고 있는 것은 (② B/C/B와 C 모두)
공정이 흔들리고 있는 것은 ____③____ 이다.

59. ① A ② B와 C 모두 ③ C

6. 조절계의 형식(Types of Controller)

(1) On-Off 동작 조절계(On-Off Controller)

060 계기 조절기(Instrument control system)에는 세 가지 기본 부분이 있다.
공정을 ___①___ 하는 계기,
설정값과 측정값을 ___②___ 하는 계기,
조절 ___③___ 를 조정하고 위치를 잡아주는 계기

061 On-Off 동작 조절계는 조절 밸브를 완전히 열거나 _____ 주는 계기이다.

062 아래의 그림은 간단한 On-Off 동작 조절계를 설명한 것이다.

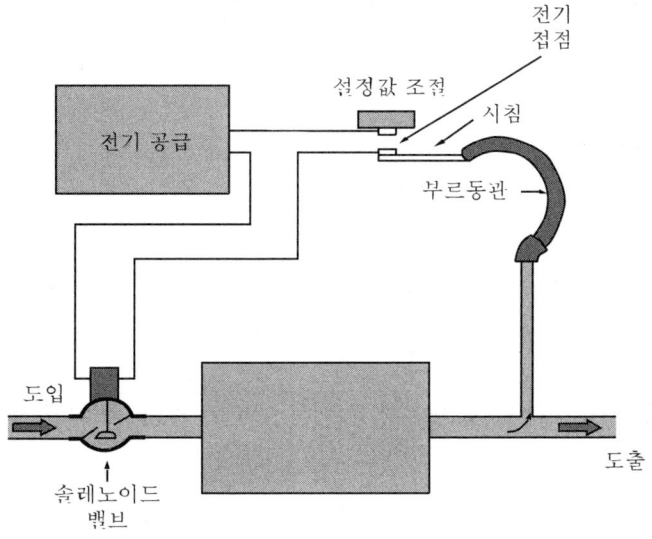

공정 압력은 _____ 에 의해 측정된다.

답 **60.** ① 측정 ② 비교 ③ 밸브 **61.** 닫아 **62.** 부르동관

063 부르동관은 시침에 연결되어 있다.
시침이 위아래로 움직임에 따라 이것은 두 개의 _____ 회로를 열고 닫는다.

064 부르동관의 위치는 (설정값/공정)의 신호에 따라 결정된다.

065 설정값은 전기 _____이 연결될 때의 위치를 말한다.

066 밸브의 위치는 _____ 코일에 의해 결정된다.

067 아래에서 어떤 것이 편차 탐지기인가?
A. 부르동관   B. 시침과 전기 접점   C. 솔레노이드

068 부르동관에 압력 변화가 생길 때 시침은 _____.

069 접점이 닫힐 때는 전류가 _____에 흐른다.

070 이 솔레노이드가 작용될 때 이것은 _____의 위치를 잡아준다.

071 접점이 열리고 닫힐 때, 시침은 (On-Off 동작 스위치/전기 변압기)처럼 작동한다.

---

63. 전기적 **64.** 공정 **65.** 접점 **66.** 솔레노이드 **67.** B **68.** 움직인다 **69.** 솔레노이드 **70.** 밸브 **71.** On-Off 동작 스위치

072 압력에 대한 설정값이 20파운드라 하자.

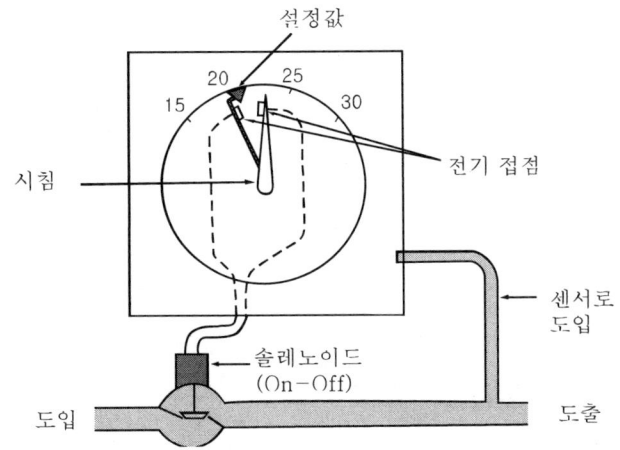

시침이 20파운드 이하로 떨어지면 전기 접점은 (닫힌다/열린다).

073 솔레노이드를 작동시키면 이것은 조절 밸브를 _____.

074 압력이 다시 올라가 전기 회로가 열려 조절 밸브는 솔레노이드에 의해 _____.

075 시침이 편차 탐지기의 역할을 하지만, 이것은 단지 두 가지 편차 신호 즉 밸브를 ___①___ 또는 ___②___ 신호만을 줄 수 있다.

076 이들은 단지 두 가지로 조정할 수 있으므로 이러한 조절계를 _____ 동작 조절계라고 한다.

답 72. 닫힌다 73. 연다 74. 닫힌다 75. ① 닫거나 ② 여는 76. On-Off

077 다음 On-Off 동작 조절 루프에 각 부분의 이름을 써 넣어라.

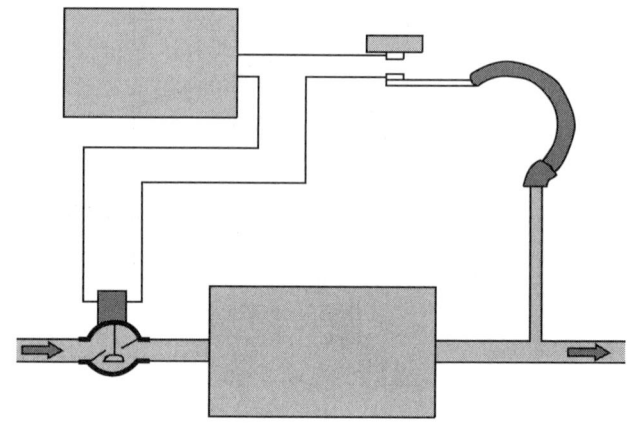

측정 장치는 ____①____ 이다.
조절계(편차 탐지기)는 ____②____ 이다.
측정값과 설정값을 비교하는 것은 ____③____ 에 의해 행해진다.
밸브는 ____④____ 코일에 의해 위치가 잡혀진다.

(2) On-Off 동작 조절계에 관한 문제점

078 On-Off 동작 조절 루프의 가장 큰 결점은 단지 _____만의 밸브 위치 변경 조작을 할 수 있다는 것이다.

77. ① 부르동관 ② 시침 ③ 접점 또는 시침 ④ 솔레노이드   78. 두 가지

079 다음의 도표는 공정 흐름을 나타낸 것이다.

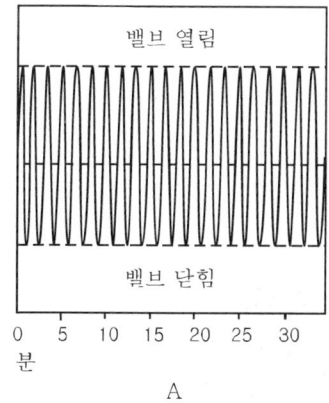
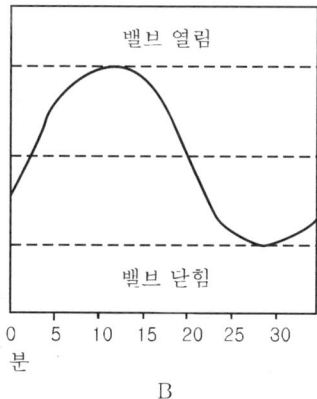

도표 중 (A/B)는 On-Off 동작 시스템에 의해 조절된 흐름을 표시한 것이다.

080 다음의 지시기는 두 가지의 편차가 생기고 있는 것을 보여 준 것이다.

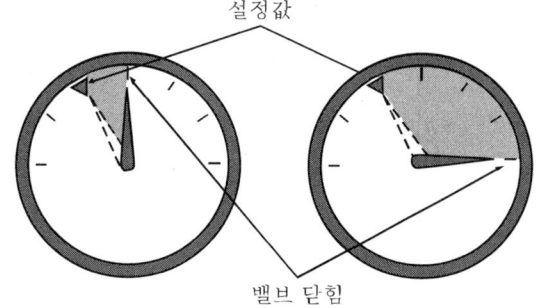

On-Off 동작 조절 루프는 다른 공정 변화에 대해 (똑같은 양만큼/다르게) 밸브 조정을 변화시킨다.

081 On-Off 동작 조절 루프는 작은 편차를 큰 편차와 (똑같이/다르게) 취급한다.

082 On-Off 동작 조절 루프는 편차의 양의 차에 대해서 (예민하다/둔감하다).

답 79. A 80. 똑같은 양만큼 81. 똑같이 82. 둔감하다

083 편차의 양이 작다 하더라도 밸브는 완전히 ____①____ 또는 ____②____.

084 아래의 도표에서 어느 것이 On-Off 동작 조절 루프에 의해 조절된 유속인가? (A/B)

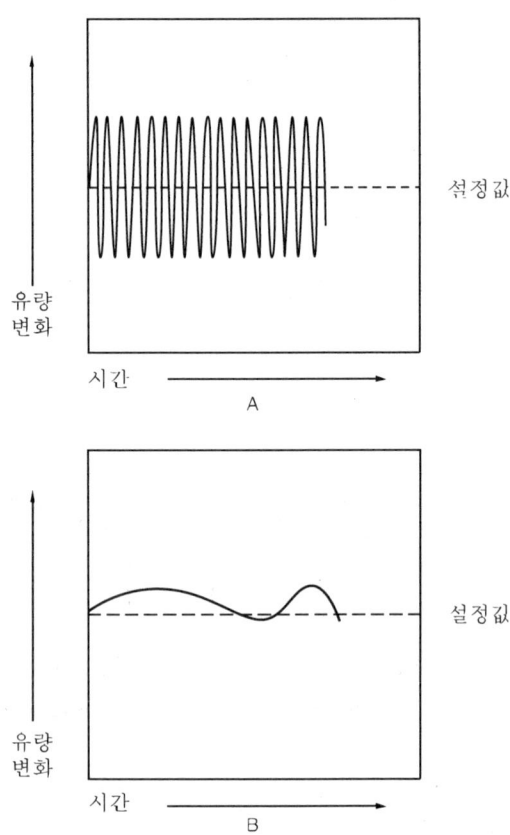

085 On-Off 동작 조절 루프는 어떤 경우든지 공정을 (부드럽게/부드럽지 못하게) 조절한다.

답 83. ① 열리거나 ② 닫힌다 84. A 85. 부드럽지 못하게

086 On-Off 동작 조절 루프에 의해 조절된 유속의 도표는 아래와 같다.

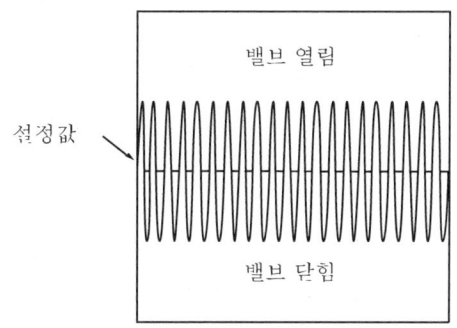

흐름은 :
A. 설정값을 기준으로 심하게 상하로 흔들린다.
B. 고르게 유지된다.

087 On-Off 동작 조절 루프는 공정의 흔들림을 (허용한다/허용하지 않는다).

088 공정은 밸브가 끊임없이 ___①___ 또 ___②___ 때문에 흔들린다.

089 On-Off 동작 조절 루프는 공정을 안정되게 조절할 (수 있다/수 없다).

(3) 비례 동작 조절계(Proportional Controller)
(A) 밸브의 감속 범위(The Throttling Range of the Valve)

090 On-Off 동작 조절 루프는 설정값으로부터 편차의 크고 작은 변화에 대하여 (똑같이/다르게) 작동하기 때문에 공정을 정확히 조절할 수는 없다.

답 86. A 87. 허용한다 88. ① 열리고 ② 닫히기 89. 수 없다 90. 똑같이

091 보다 정확한 조절을 위해서는 조절계는 변화된 양에 비례하여 공정에 변화를 주어야 한다.
많은 변화에 대해서는 조절계가 밸브 위치를 ____①____ 변화시키고, 적은 변화에 대해서는 밸브의 변화를 ____②____ 하여야 한다.

092 비례되는 조절을 가능하도록 하기 위해서는 밸브는
A. 두 가지 설정값을 가져야 한다.
B. 완전히 열리고 또 닫히는 것 사이에 밸브의 위치 조정 범위를 가져야 한다.

093 조절 밸브에 어떤 범위의 신호를 보내주는 조절계를 _____라 한다.

094 아래에 공기 모터에 의해 조절되는 밸브가 있다.

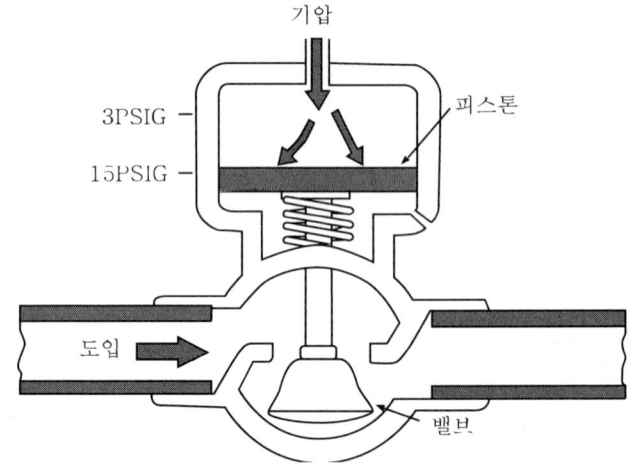

이 밸브의 동작 범위는 3~15PSIG이다.
밸브가 그림에 보인 위치에 있을 때 피스톤상의 공기 압력은 (3PSIG/3PSIG 이상)이다.

답 91. ① 많이 ② 적게 92. B 93. 비례 동작 조절계 94. 3PSIG 이상

095 이 밸브는 피스톤상의 압력이 _____PSIG에 이르러서야 완전히 열린다.

096 이 밸브는 피스톤상의 압력이 _____PSIG에 이를 때 비로소 반만큼 열린다.

097 3~15PSIG는 이 밸브의 _____ 범위이다.

098 조절 밸브에 주어진 조절계의 신호는 밸브의 _____ 와 일치하여야 한다.

099 조절계는 공정 _____의 양을 보충해 주기 위해 이와 비례해서 밸브를 움직여야 한다.

100 다음의 조절 밸브는 조정 범위에 걸쳐 작동한다.

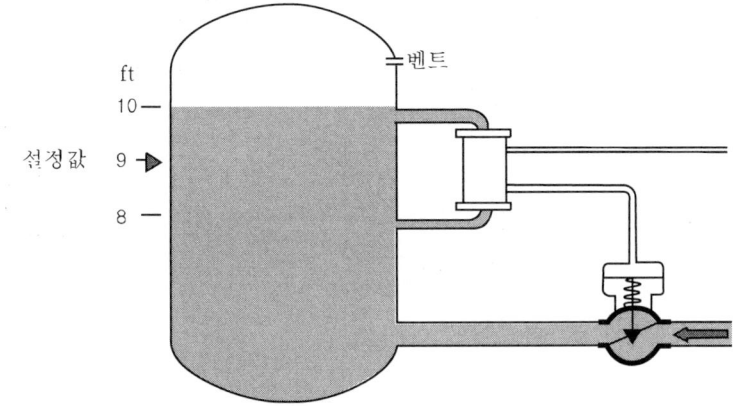

위의 밸브는 액위가 _____ft일 때 완전히 닫힌다.

101 10ft는 설정값 (이상/이하)이다.

---

95. 15 96. 9 97. 감속 98. 감속 범위 99. 변화 1. 10 101. 이상

102 설정값은 9ft이다.

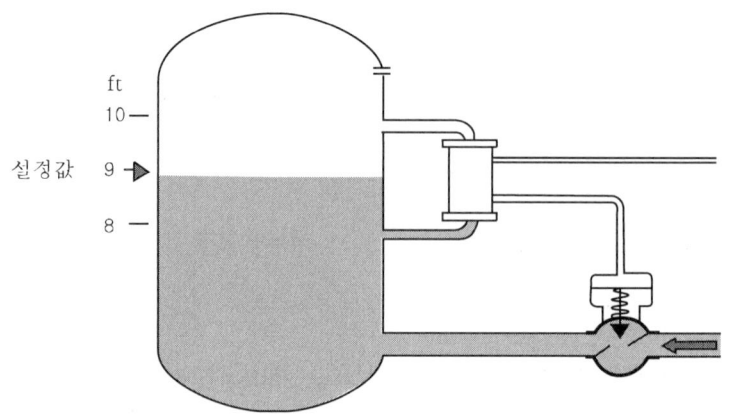

밸브는 액위가 9ft일 때 약간의 흐름을 (허용한다/허용하지 않는다).

103 액위가 8ft로 떨어졌다고 하자.

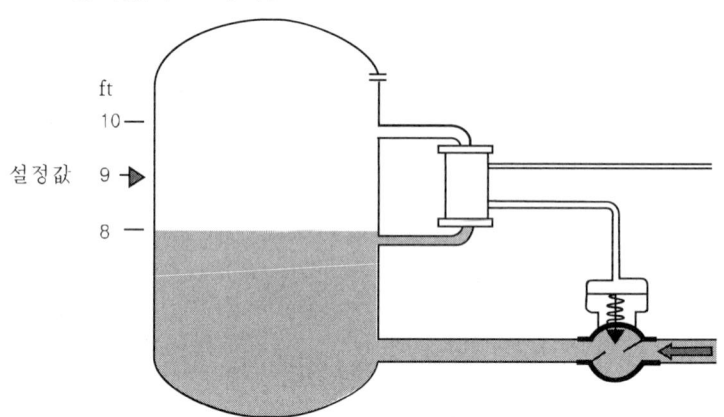

이때에 밸브는 완전히 _____.

답 102. 허용한다 103. 열린다

104 아래의 그림은 비례 동작 조절 루프(Proportional control loop)를 나타낸 것이다.

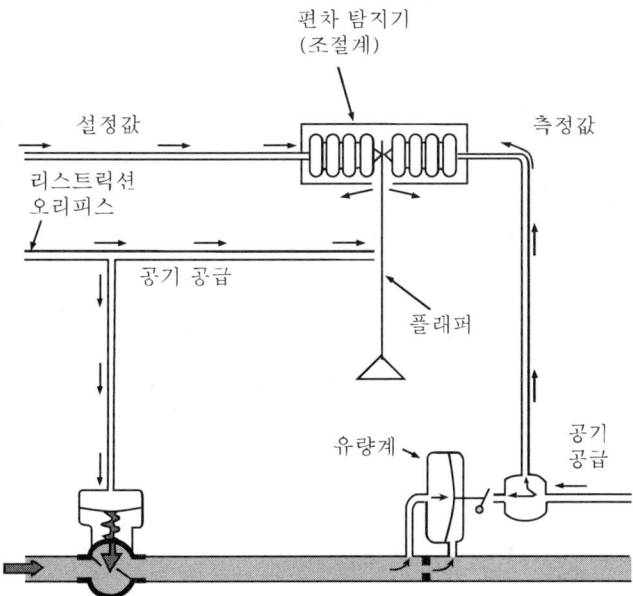

이 시스템은 (공기/전기) 신호를 사용하고 있다.

105 공정의 유속은 _____계에 의해 측정되고 있다.

106 유량계(Flow meter)는 압력 신호를 조절계의 (측정값용/설정값용) 벨로(Bellow)에 보낸다.

107 이 조절계에는 두 가지의 벨로가 있다.
하나는 공정 측정값용이고 또 하나는 _____용이다.

---

104. 공기 **105.** 유량 **106.** 측정값용 **107.** 설정값

108 두 개의 벨로 사이에서 지지되고 선회하는 플래퍼는 편차 탐지기(Error detector)의 역할을 한다.
공정 압력과 설정 압력이 같을 때는 편차 탐지기는 위치 변화를 (계속한다/하지 않는다).

109 공정 압력이 떨어졌다고 하자.
편차 탐지기는 (움직인다/움직이지 않는다).

110 플래퍼가 노즐로부터 멀리 떨어졌을 때는 공기 모터에 연결된 공기계(Pneumatic system)의 압력은 _____.

111 이때의 공기 압력의 변화는 _____ 신호로서 작동한다.

112 공기 신호는 공기 모터에 영향을 주고 공기 모터는 _____의 위치를 잡아준다.

(B) 조절계의 감속 범위
(The Throttling Range of the Controller)

113 조절 밸브의 감속 범위는 (공기 압력/공정 측정)의 범위이다.

114 공정 측정의 범위라는 것은 그 안에서 조절계가 공정을 조절하여야 하는 범위이다.
이 공정 측정 범위는 (조절계/조절 밸브)의 감속 범위이다.

답 **108.** 하지 않는다 **109.** 움직인다 **110.** 떨어진다 **111.** 편차 **112.** 밸브
113. 공기 압력 **114.** 조절계

제1장 | 조절계(Controller) 245

115 조절계의 감속 범위를 때로 비례대(Proportional band)라고 부른다. 다음 값 중에서 어느 것이 비례대인가?
A 매초 68갤런   B. 68°F에서 88°F   C. 100PSIG

116 완전히 열리거나 닫힌 조절 밸브 사이의 공정 측정 범위를 _____라고 한다.

117 설정값은 _____ 조절계에서 찾아볼 수 있다.

118 감속 범위는 아래에서만 찾아볼 수 있다.
A. 비례 조절계
B. On-Off 조절계

119 아래의 압력계와 조절계는 공정 압력을 조정하고 있다.

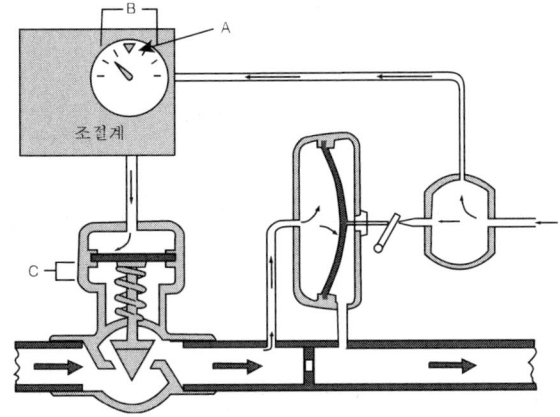

아래의 각 명칭을 적어 넣어라.
A는 ___①___ 이다.
B는 ___②___ 의 ___③___ 이다.
C는 ___④___ 의 ___⑤___ 이다.

115. B **116.** 비례대 **117.** 모든 **118.** A **119.** ① 설정값 ② 조절계 ③ 비례대 ④ 밸브 ⑤ 감속 범위

(C) 비례대는 조절에 어떻게 영향을 주는가?
(How the Proportional Band Affects Control?)

120 아래와 똑같은 설정값을 갖는 두 개 조절계의 문자판이 그려져 있다.

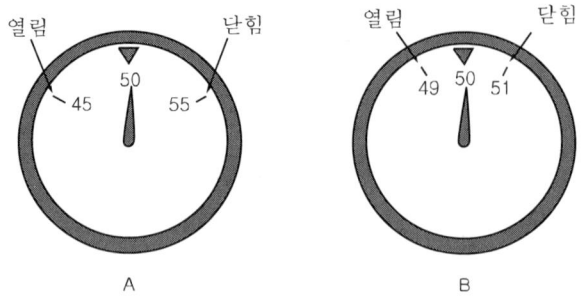

A 조절계에서는 조절 밸브를 완전히 닫기 위해 압력이 ___①___ PSIG까지 증가하여야 하고, 조절 밸브가 완전히 열리기 위해서는 ___②___ PSIG까지 감소하여야 한다.

121 B 조절계에서는 압력이 ___①___ PSIG로부터 ___②___ PSIG까지 변한다.

122 A 조절계의 경우 밸브가 완전히 개폐하기 위해서는 설정값 압력에서 5PSIG의 변화를 주어야 한다.
B 조절계의 경우에 밸브의 완전 개폐를 위해서는 설정값에서 _____PSIG의 변화를 주어야 한다.

123 조절계 (A/B)는 더 넓은 폭의 비례대를 갖는다.

답   **120.** ① 55 ② 45   **121.** ① 51 ② 49   **122.** 1   **123.** A

124 지금 공정 압력 변화가 4PSIG라고 하자.

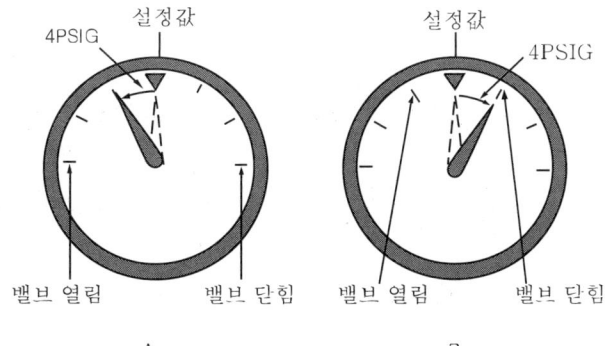

(A/B) 조절계는 밸브 조정에 있어서 더욱 큰 변화를 하여야 할 것이다.

125 (A/B) 조절계는 공정 압력의 변화에 대하여 더욱 민감하게 작동한다.

126 조절계가 보다 민감하게 작동을 하는 데는 장단점이 있다.
민감도가 보다 좋은 조절계의 이점은 조절계가 공정을 _____에 보다 가깝게 유지할 수 있다.

127 그러나 비례 동작 조절계(Proportional Controller)는 너무 지나치게 민감할 수 있다.
비례대가 보다 좁게 잡혀 있다는 것은 모든 공정 변화에서 조절계가 조절 밸브를 (보다 많이/보다 적게) 움직인다는 것을 뜻한다.

답   **124.** B   **125.** B   **126.** 설정값   **127.** 보다 많이

128 비례 동작 조절계가 설정값에서 1PSIG를 변화시키면 밸브가 완전히 열린다고 가정하자.

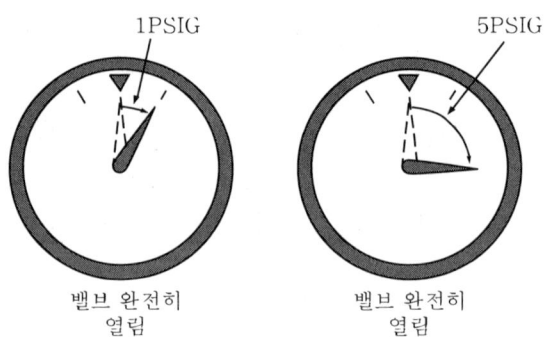

5PSIG의 변화는 1PSIG의 변화 때와 (똑같은/다른) 반응을 보인다.

129 만약 공정이 끊임없이 1PSIG 이상을 변한다고 하면, 조절계는 1PSIG 이상의 변화에 대하여 모두 (똑같이/다르게) 변화를 취하게 한다.

130 또한 조절계의 감속 범위 내에서 밸브는 공정 변화에 대해 너무 많이 움직일 수도 있다.

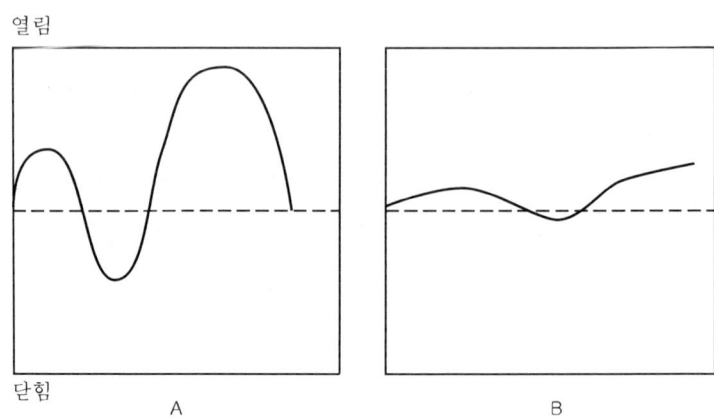

도표 (A/B)는 너무 지나치게 민감한 비례 동작 조절계에 의한 밸브의 움직임을 보여 주고 있다.

답 128. 똑같은 129. 똑같이 130. A

131 비례대는 조절계가 _____ 조절계에서와 마찬가지로 작동할 수 있도록 매우 좁게 잡아줄 수 있다.

132 너무 민감한 조절계는 공정을 _____ 할 수 있다.

133 다음의 도표는 공정이 변화라는 동안의 밸브 조정을 보여 주고 있다.

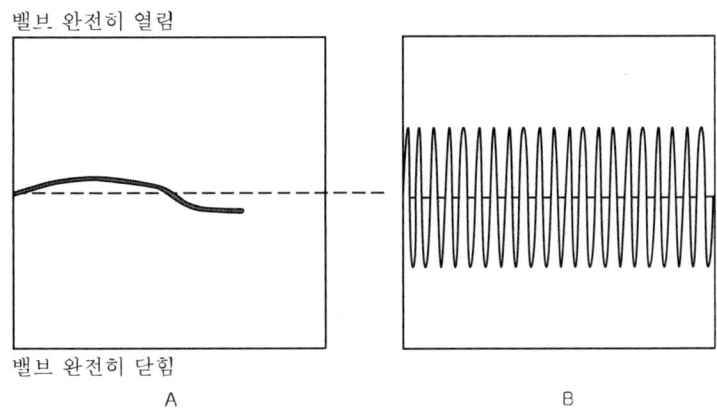

도표 (A/B)는 너무 넓은 비례대를 가진 밸브의 움직임을 보여 주고 있다.

134 비례대는 많은 공정 변화에 적응할 수 있도록 대단히 넓게 할 수도 있다. 이때에 비례대를 대단히 넓게 조정해 주었는데도 밸브 개도가 10분간 조금도 변하지 않았다면, 이동안 공정은 일정한 상태로 계속되었는가?
A. 계속되었다.
B. 계되지 않았다.
C. 어떻다고 말할 수 없다.

131. On-Off 동작 132. 흔들리게 133. A 134. C

7. 복습 및 요약(Review and Summary)

135 조절계는 공정의 _____가 있을 때만 동작한다.

136 다음은 조절 루프에서 일어나는 현상이다.
A. 공정 변수는 ___①___ 된다.
B. 이 값은 조절계의 ___②___ 와 비교된다.
C. 차이가 있으면 조절계 출력이 변하고 ___③___ 의 개도가 변한다.
D. 측정 장치는 공정에 관한 정보를 계속하여 ___④___ 로 보낸다.
   이 정보를 공정 ___⑤___ 이라 한다.
E. 만일 마지막 밸브 개도가 차이를 고치지 못하면 조절계는 계속하여
   ___⑥___ 를 보낸다.

137 다음의 도표 중 어느 것이 편차를 보이는가? (A/B)

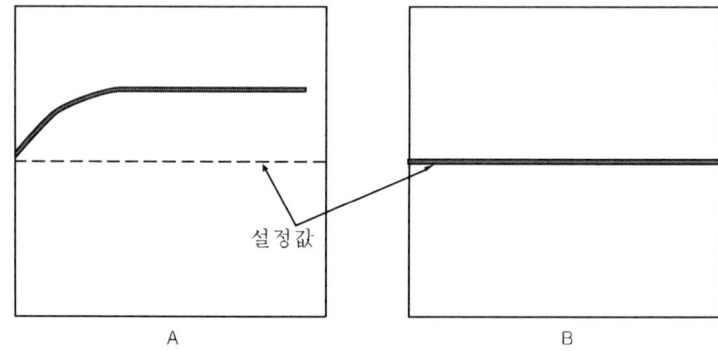

답 **135.** 변화 **136.** ① 측정 ② 설정값 ③ 조절 밸브 ④ 조절계 ⑤ 피드백 ⑥ 신호
137. A

138 아래에서 어느 도표가 진동(Oscillation)을 보여 주는가? (A/B)

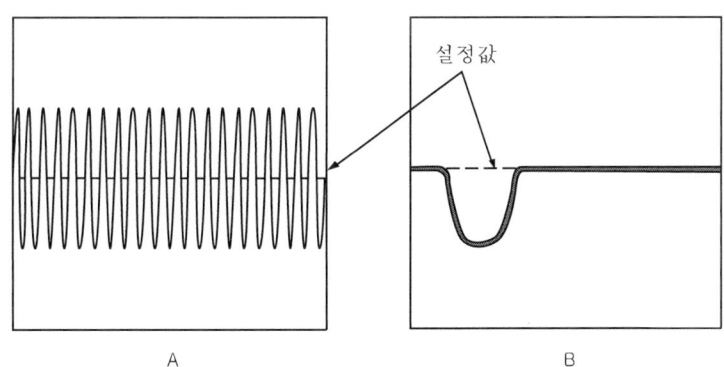

139 지금까지 우리는 두 개의 조절계를 배웠다. 그것은 ___①___ 동작 조절계와 ___②___ 동작 조절계이다.

140 감속 범위를 갖는 것은 _____ 동작 조절계의 특징이다.

---

138. A **139.** ① On-Off ② 비례 **140.** 비례

CHAPTER 02

미분 동작 및 적분 동작을 하는 비례 동작 조절계
(Proportional Controller with Rate and Reset Action)

1. 공정 부하(Process Load)

001 공정에 대한 부하는 마치 엔진 위의 짐과 같다.

위의 그림에서 엔진은 빈 트럭을 50MPH로 끌고 있다.
엔진에 대한 부하는 다음과 같다.
A. 도로 표면
B. 엔진의 크기
C. 텅빈 트럭

002 트럭이 비어 있고 평평한 길에서 50MPH로 달리는 한, 이때의 부하는 (변한다/변하지 않는다).

003 아래의 그림과 같이 트럭에 짐이 실리면 어떻게 될까?

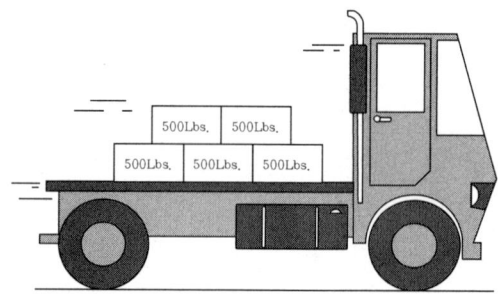

이때의 트럭의 속도는 _____ 한다.

답 1. C 2. 변하지 않는다 3. 감소

004 속도가 같다면 트럭에 짐을 싣는 것은 엔진의 _____를 증가시키는 것과 마찬가지이다.

005 트럭이 보다 빨리 달리도록 하고 싶다면 보다 많은 _____를 엔진에 공급하여야 한다.

006 트럭이 보다 빠른 속도를 필요로 할 때는 엔진에 대한 부하가 (증가한다/감소한다).

007 트럭이 운반하여야 할 전 중량과 움직여야 할 속도는 엔진의 _____ 와 같다고 볼 수 있다.

008 엔진이 운반하여야 할 전 중량과 트럭이 평평한 길에서 움직여야 할 속도가 일정하게 유지되는 한 엔진의 _____는 일정하게 유지되고 있는 것이다.

009 때때로 트럭은 커브를 돌아야 하면 이때에는 속도를 낮추어야 한다.

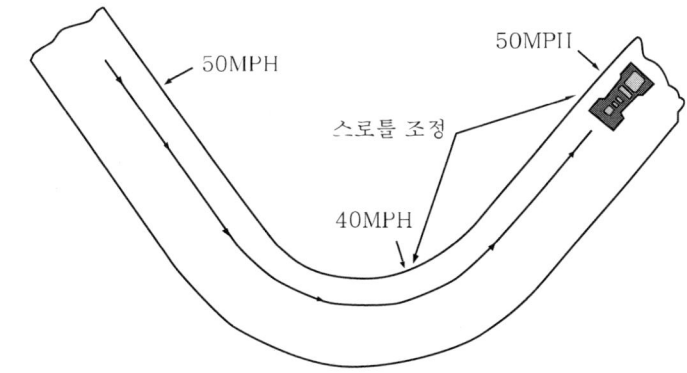

트럭의 _____를 변화시켜 조절하여야 할 때는 감속 장치가 변화량을 조정해 준다.

---

4. 부하 **5.** 연료 **6.** 증가한다 **7.** 부하 **8.** 부하 **9.** 속도

10 커브를 지난 후에 다시 감속 장치를 조정하지 않을 때는 어떤 결과가 될 것인가?
   A. 트럭은 50MPH로 달리게 될 것이다.
   B. 트럭은 40MPH로 계속 달릴 것이다.

11 커브를 도는 동안의 일시적인 조정은 엔진의 _____를 바꾸어 준다.

12 트럭이 다시 50MPH의 속도를 유지하게 되면 트럭의 부하는 (변한 것이다/다시 똑같게 된 것이다).

13 다음 중 어느 것이 부하의 변화를 가져올 것인가? 맞는 것에 O표를 하여라.
   ___①___ 중량이 감소되었다.
   ___②___ 똑같은 속도로 언덕을 오르고 있다.
   ___③___ 커브를 서서히 달리고 있다.

14 트럭의 경우 엔진은 출력을 필요로 한다.
   공업 공정에서는 출력이 (필요하다/필요치 않다).

15 각각의 공정에는 _____가 걸려 있다.

답 10. B 11. 부하 12. 다시 똑같게 된 것이다 13. ① O ② O ③ O 14. 필요하다
15. 부하

제2장 | 미분 동작 및 적분 동작을 하는 비례 동작 조절계(Proportional Controller with Rate and Reset Action)

016 공정의 부하는 엔진의 부하와 마찬가지로 작용한다.

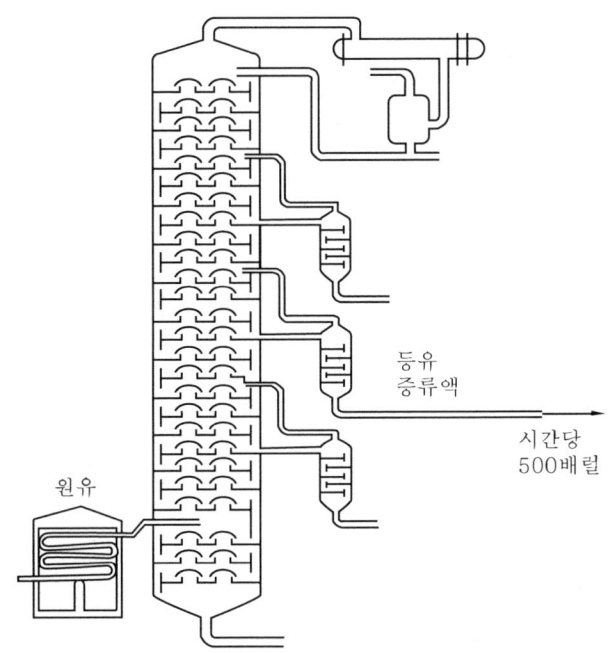

위의 공정은 매 시간당 _____ BdL의 등유를 분리하고 있다.

017 위 공정의 생산 처리량과 속도는 이 공정에 대한 _____ 이다.

018 한 시간당 100BdL로 생산량을 감소시켰다면 _____ 를 감소시킨 것과 같다.

---

16. 500 **17.** 부하 **18.** 부하

019 앞의 공정으로 들어오는 액체의 압력을 떨어뜨렸다고 하자.

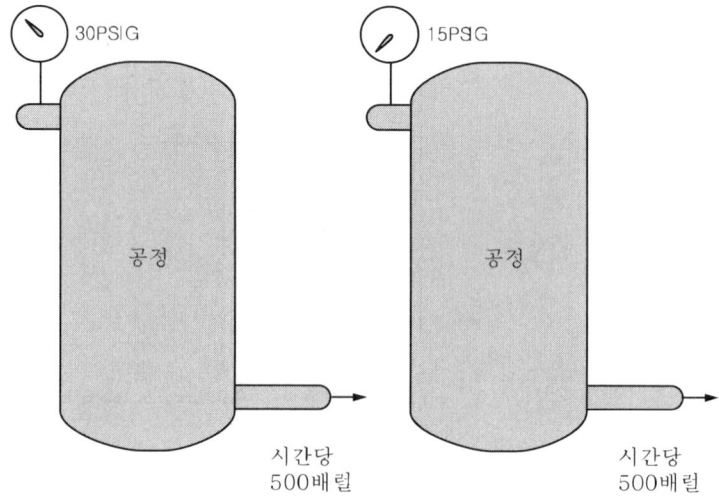

공정은 한 시간당 500BdL의 제품을 유지하기 위해 조절해 주어야 한다. 이것은 부하의 증가와 (같다/같지 않다).

020 아래의 그림은 세 가지 상이한 밸브 조정 상태를 나타내고 있다.

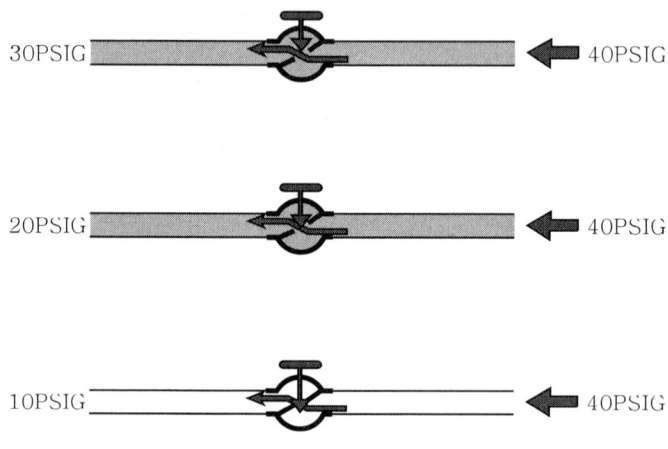

밸브 속에서 액체를 밀고 있는 압력은 (같다/다르다).

답 **19.** 같다 **20.** 같다

제2장 | 미분 동작 및 적분 동작을 하는 비례 동작 조절계(Proportional Controller with Rate and Reset Action) 259

021 각각의 밸브 조정에 대하여 :
A. 여러 가지 유속이 있을 수 있다.
B. 한 가지 유속이 있을 뿐이다.

022 지금 유속이 규정된 설정값을 유지할 수 있도록 밸브를 열고 싶다. 한 가지의 부하 상태에서 희망하는 설정값을 얻기 위해서는 몇 가지의 밸브 조정 위치가 있을까?
A. 여러 가지 위치
B. 한 가지 위치

023 비례 동작 조절계는 한 가지의 부하 상태를 위해 만들어져 있다.
이러한 조절계에서는 부하가 변하지 않는 한, 설정값을 주는 데는 (몇 가지의/한 가지의) 밸브 조정 위치가 있다.

024 때때로 조절계가 조절해 주어야 할 공정상의 언덕이나 커브 또는 부하의 적은 변화가 있다. 조절계는 _____를 움직여 주어야 한다.

025 그러나 조정 후 부하가 변하지 않으면 조절 밸브는 (원래의 설정된 위치로 되돌아 가야 한다/새로이 설정된 위치로 움직여야 한다).

---

21. B **22.** B **23.** 한 가지의 **24.** 밸브 **25.** 원래의 설정된 위치로 되돌아가야 한다

26 아래의 공기 조절계에 달려 있는 압력계를 보아라.

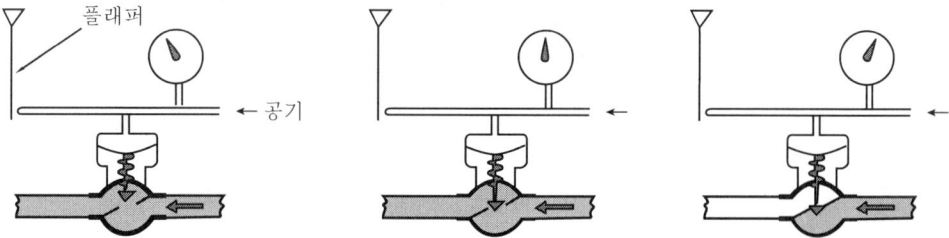

공기계의 각각의 압력 조정 상태에 대하여
A. 밸브 조정 위치는 여러 가지 있다.
B. 밸브 조정 위치는 단 한 가지이다.

27 이 조절계가 설정값에 조정되어 있다면, 조절 밸브에 대하여 단 한 가지의 출력에 의한 _____ 조절 상태가 있을 뿐이다.

28 각각의 플래퍼의 위치는 (한 가지의/여러 가지의) 압력 조정 위치를 갖는다.

29 이러한 조절계에서 한 가지의 부하 상태하에 있어서는 :
A. 압력을 설정값으로 유지하는 데는 단 한 가지의 플래퍼 위치가 있을 뿐이다.
B. 압력을 설정값으로 유지하는 데는 몇 가지의 플래퍼 위치가 있다.

30 플래퍼가 움직이면 조절 밸브는 (움직인다/움직이지 않는다).

31 공정을 희망하는 설정값에 안정되게 유지하기 위해서 조절 밸브를 적당한 양만큼 변화시키려면 조절 밸브로 보내주는 도출 ___①___ 이 공정의 요구에 맞도록 균형을 이루어야 한다. 또한 ___②___ 는 설정값 위치로 다시 돌아가야 한다.

답 26. B 27. 압력 28. 한 가지의 29. A 30. 움직인다 31. ① 압력 ② 플래퍼

2. 귀환 정보 벨로즈(Feedback Bellows)

032 다음의 공기 조절계는 액체의 흐름을 조절하고 있다.

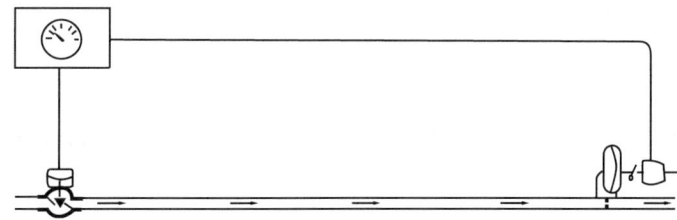

만약 흐름이 설정값 이하로 떨어지면 조절계는 조절 밸브를 _____.

033 밸브의 위치가 변할 때 공정 변화는 즉시 (일어난다/일어나지 않는다).

034 조절계는 보통 공정으로부터 멀리 떨어져 있다.
유속이 변할 때 조절계는 즉시 귀환 정보를 받게 (된다/되지 않는다).

035 시스템 응답(System response)에는 지연 시간(Time lag)이 (있다/없다).

036 공정의 유속이 설정값에 이르렀다고 하자.
조절계는 이 정보를 즉시 (얻게 된다/얻지 못한다).

037 조절계는 공정 측정 장치로부터 _____를 받을 때까지 정확한 밸브 조정 장치를 잡을 수 없다.

답 **32.** 열어준다 **33.** 일어나지 않는다 **34.** 되지 않는다 **35.** 있다 **36.** 얻지 못한다
37. 귀환 정보

038 귀환 정보는 즉시 주어지지는 않으므로 조절계는 공정이 _____에 이르지 않는 상태처럼 계속하여 밸브를 열어준다.

039 조절계는 아마도
A. 설정값을 찾아낼 것이다.
B. 설정값을 넘을 것이다.

040 다음은 조절계가 귀환 정보를 즉시 받지 못했을 때에 일어나는 현상을 나타낸다.

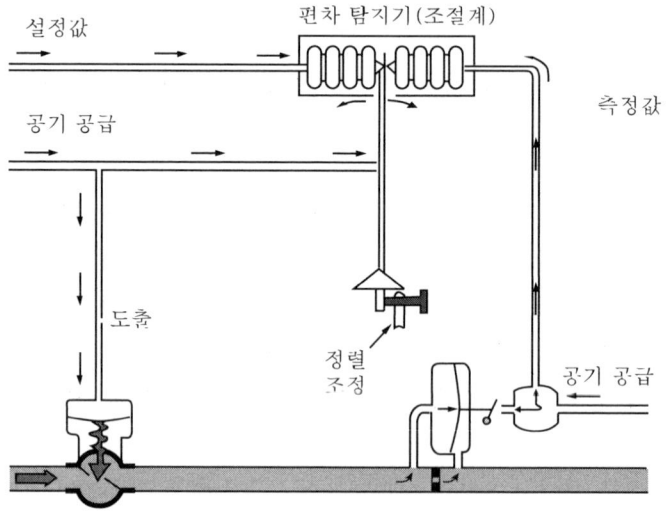

유속이 떨어지기 시작한 후 점차적으로 신호가 작아져 조절계로 들어온다. 조절 밸브는 _____ 시작한다.

041 조절 밸브는 적당한 유속으로 다시 돌려보내지만, 조절계가 이러한 정보를 즉시 얻지 못하여 조절계로 들어오는 신호는 :
A. 계속 떨어진다.
B. 증가하기 시작한다.

---

38. 설정값 39. B 40. 열리기 41. A

제2장 | 미분 동작 및 적분 동작을 하는 비례 동작 조절계(Proportional Controller with Rate and Reset Action)

042 만약 조절계가 공정으로부터 귀환 정보를 얻지 못하면, 조절 밸브는 완전히 _____ 상태로 계속 움직일지도 모른다.

043 드디어 조절 밸브는 공정 귀환 정보를 받고 조절 밸브가 닫히기 시작한다. 공정 귀환 정보의 지연으로 말미암아 조절은 아마도 :
A. 설정값의 위치를 찾게 될 것이다.
B. 설정값의 위치를 넘을 것이다.

044 공공 귀환 정보의 지연으로 인하여 조절계는 마치 _____ 조절계처럼 작용하게 된다.

045 만약 부하에 일시적인 변화가 있을 때는 조절계가 아래와 같이 작동하는 것이 바람직하다.
A. 어떤 흐름의 변화에 대한 수정
B. 설정값 위치로의 귀환
C. 설정값 이상으로 작동

046 설정값의 위치를 넘는 것을 방지하기 위해서는 조절계는 공정 측정 (이전에/이후에/바로 그 시간에) 귀환 정보를 필요로 한다.

---

42. 열린 **43.** B **44.** On-Off **45.** A, B **46.** 이전에

047 조절계의 귀환 정보 벨로즈는 공정 측정 이전에 귀환 정보를 조절계에 줄 수 있도록 만든 장치이다.

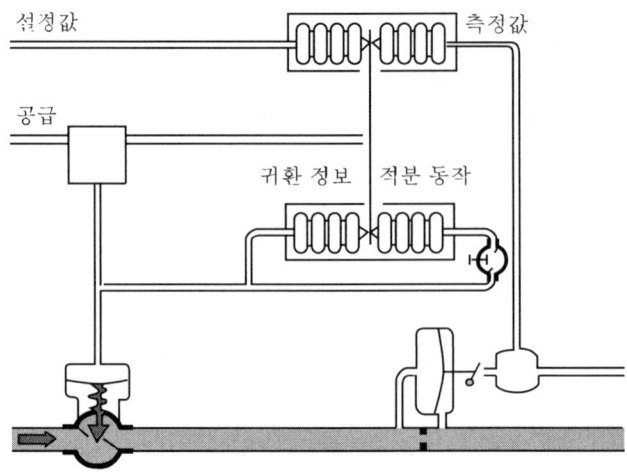

귀환 정보 벨로즈는 _____에 붙어 있다.

048 측정값 벨로즈(Measurement bellows)와 설정값 벨로즈(Set point bellows)도 또한 _____에 붙어 있다.

049 귀환 정보 벨로즈는 조절 밸브로 들어가는 _____으로부터 압력을 받는다.

050 조절계 출력의 변화는 귀환 정보 벨로즈를 _____.

답 47. 플래퍼   48. 플래퍼   49. 출력   50. 움직인다

051 지금 공정의 유속이 증가했다고 가정한다.

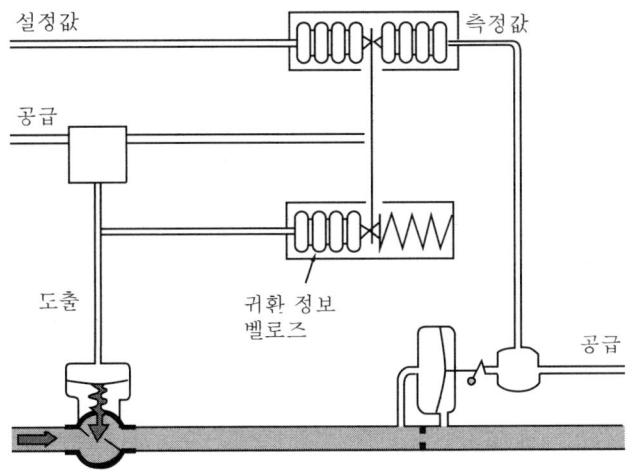

측정값 벨로즈는 플래퍼를 ____①____ 쪽으로 움직여 플래퍼 노즐을 ____②____.

052 공기 도출 압력은 _____ 하고 조절 밸브를 닫기 시작한다.

053 귀환 정보 벨로즈의 압력도 또한 _____ 한다.

054 벨로즈는 팽창하고 플래퍼를 _____ 쪽으로 민다.

055 귀환 정보 벨로즈는 플래퍼를 측정값 벨로즈와 (반대의/같은) 방향으로 밀게 되어 있다.

---

51. ① 왼 ② 닫는다 **52.** 증가 **53.** 증가 **54.** 오른 **55.** 반대의

056 귀환 정보 벨로즈는 조절계가 공정 귀환 정보를 얻기 전과 밸브가 공정을 변화시키고 있는 동안 공정의 변화를 예측하고 있다. 이리하여 조절계의 귀환 정보 벨로즈는 주어진 공정 변화에 대해 조절계가 너무 _____ 움직이지 않도록 해 준다.

057 귀환 정보 벨로즈가 작동하고 있는 동안 측정용 펜(Pen)과 설정값 사이에는 편차가 (있다/없다).

답 56. 많이   57. 있다

3. 부하의 변화는 비례 동작 조절계에 어떻게 영향을 주는가?
(How Load Changes Affect Proportional Controller?)

058 비례 동작 조절계의 설정값은 :
A. 한 개의 부하 조건에 대하여 맞추어져 있다.
B. 부하가 변화할 때마다 변하게 된다.

059 때때로 공정의 부하는 변화한다.
모든 다른 조건은 같게 해 주고 제품을 매 시간당 100BbL로부터 300BbL로 증가시켜 만들 때가 있다.
이때에는 _____가 증가된 것이다.

060 원래 밸브의 위치로는 이 부하 증가를 감당할 수 (있다/없다).

061 다음의 공정에서는 수증기가 사용되고 있다.

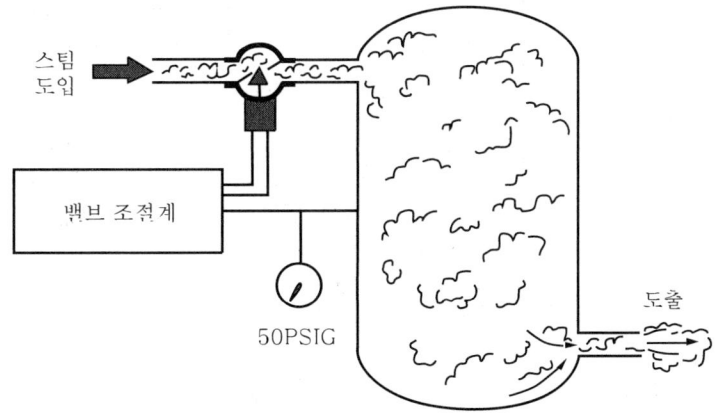

조절계는 압력을 50파운드 근처에서 설정되록 되어 있다.
이제 얼마간의 수증기가 응축수로 됨에 따라 공정의 온도가 떨어진다고 가정한다. 압력은 (올라간다/떨어진다).

답   **58.** A   **59.** 부하   **60.** 없다   **61.** 떨어진다

062 조업 범위 내에서 압력을 유지하기 위해 조절계는 수증기를 앞서 보다 _____ 넣어 주어야 한다.

063 얼마간의 수증기가 응축되어 계속해서 빠져나간다면 수증기 압력은 원상태로 (돌아온다/돌아오지 않는다).

064 부하는 (증가한다/증가하지 않는다).

065 아마 설정값은 새로운 부하의 요구를 (감당할 것이다/감당 못할 것이다).

066 또 하나의 예를 들어 보자.

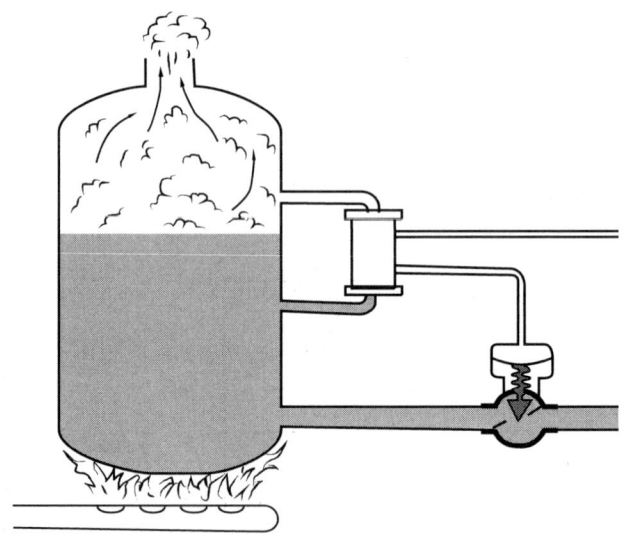

위의 조절계는 _____ 를 유지하고 있다.

답 62. 더 많이   63. 돌아오지 않는다   64. 증가한다   65. 감당 못할 것이다   66. 액위

제2장 | 미분 동작 및 적분 동작을 하는 비례 동작 조절계(Proportional Controller with Rate and Reset Action)

067 액체 위의 압력이 떨어져 액체가 보다 많이 증발하고 있다.
조절계는 들어오는 액체의 양을 _____ 시켜야 한다.

068 액체가 계속하여 많은 양이 증발한다면 부하는 (변화하였다/변화하지 않았다).

069 아래의 그래프는 부하가 변화하고 있을 때, 한 가지의 부하를 위해 만들어진 조절계가 어떤 결과를 나타내는가를 보여 준 것이다.

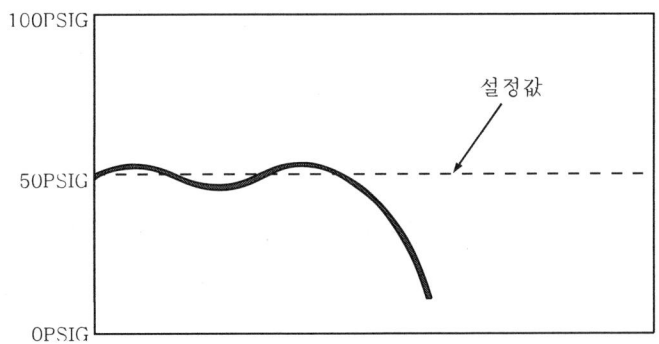

조절계는 ___①___ 을 조절하고 있다.
이 조절계의 설정값은 ___②___ PSIG이다.

070 공정에 대한 부하가 변하고 있으므로 압력을 제한된 범위 내에 유지하기 위해 보다 큰 유속을 유지해 줄 필요가 있다. 원래의 밸브 위치로는 설정값을 유지하기 위해 충분한 액체를 들여올 수 (있다/없다).

071 공정 압력은 _____ 시작한다.

---

67. 증가 68. 변화하였다 69. ① 압력 ② 50 70. 없다 71. 떨어지기

072 공정 귀환 정보를 받으면 조절계는 조절 밸브를 그에 따라 비례적으로 _____ 된다.

073 마침내 밸브는 압력의 강하를 막도록 열리게 된다.

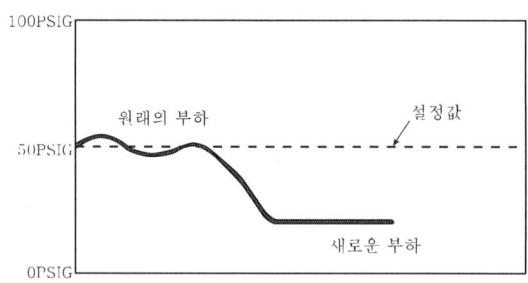

들어오는 흐름은 공정으로부터 나가는 양과 균형을 이루게 된다.
공정은 원래의 설정값에 (있다/있지 않다).

074 이 압력을 설정값으로 환원시키려면 조절 밸브는 아직 좀더 _____ 한다.

075 조절계로 들어오는 공정의 측정값 벨로즈의 압력이 또다시 증가하기 시작한다고 하자.

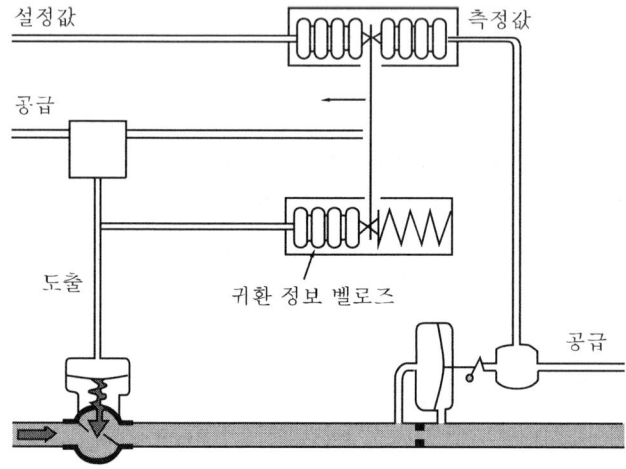

플래퍼는 노즐을 향해 움직이고 조절 밸브는 _____ 시작한다.

답 **72.** 열게 **73.** 있지 않다 **74.** 열려야 **75.** 닫히기

제2장 | 미분 동작 및 적분 동작을 하는 비례 동작 조절계(Proportional Controller with Rate and Reset Action) 271

076 이렇게 하면 공정의 압력이 원래의 설정값으로 (올라온다/올라오지 않는다).

077 아래의 공정 압력 기록계의 기록 결과를 보아라.

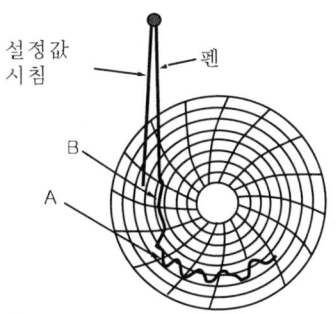

A점에서 공정 _____은 떨어지기 시작한다.

078 B점에서 설정값 시침과 펜은 (만나고 있다/만나지 않고 있다).

079 조절계는 감소하는 동작을 (멈춘다/멈추지 않는다).

080 이러한 변화 후에도 공정에는 _____가 여전히 생기고 있다.

081 어떤 공정에서는 부하가 그다지 변하지 않고 약간의 편차는 문제시되지 않을 때가 있다.
위에서 보여 준 조절계는 위에서 말한 일을 감당할 수 (있다/없다).

082 다른 공정에서는 부하 조건이 변하는 중이라도 더 정확한 조절을 필요로 한다.
앞서 말한 조절계는 이러한 일을 할 수 (있다/없다).

답 76. 올라오지 않는다 77. 압력 78. 만나지 않고 있다 79. 멈춘다 80. 편차
81. 있다 82. 없다

4. 적분 동작(Reset Action)

083 보다 정확한 조절을 위해서는 비례 동작 조절기가 공급할 수 있는 변화 이외에도 조절 밸브로 보내지는 출력을 증가 또는 감소시킬 수 있는 장치가 필요하다.

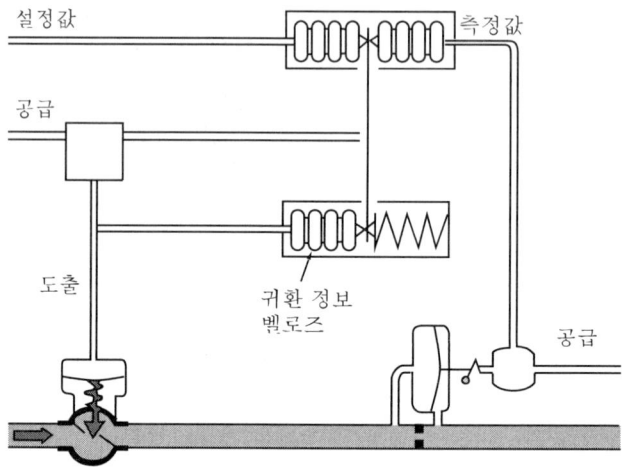

위의 예에서 비례 동작은 균형을 이루고 있으나, 공정을 설정값으로 돌아가도록 하기 위해서는 더 많은 유속의 증가가 필요하다. 플래퍼는 노즐을 (열게끔/닫게끔) 움직인다.

084 노즐을 더 열어줌으로써 조절 밸브를 더 열어줄 수 있고 공정을 ___①___ 으로 되돌아가게 할 수 있다. 조절 밸브로 주어지는 도출 공기는 조절 밸브를 새로운 _____로 움직이게 한다.

답 83. 열게끔 84. ① 설정값 ② 위치

제2장 | 미분 동작 및 적분 동작을 하는 비례 동작 조절계(Proportional Controller with Rate and Reset Action) 273

085 아래의 그림은 측정값 벨로즈와 설정값 벨로즈 내의 압력이 같은 경우의 조절계를 나타낸 것이다.

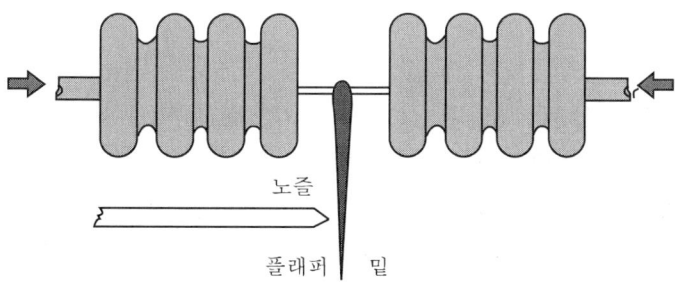

공정이 설정값과 맞으면 이들 벨로즈는 항상 이 위치로 돌아오게 (된다/안 된다).

086 공정이 설정값과 맞으면 두 벨로즈를 연결하는 장치는 (한/여러) 위치에 있게 된다.

087 아래의 그림에서 설정값을 변화시키지 않고 플래퍼를 더 많이 열려면 ;

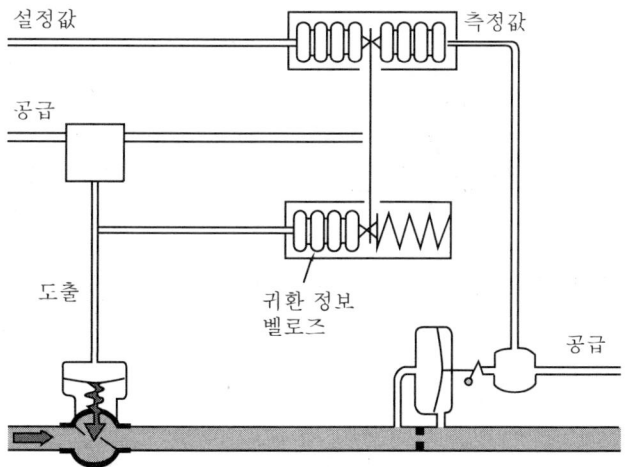

A. 플래퍼의 꼭대기(Top)를 움직인다.
B. 플래퍼의 밑을 움직인다.

답 85. 된다 86. 한 87. B

088 조절계가 설정값이 변하지 않을 때, 밸브를 더 열기 위해서는 플래퍼의 ___①___ 을 노즐로부터 (② 멀리/가까이) 움직인다.

089 부하가 변할 때, 공정의 값을 설정값과 같게 하기 위하여 조절계의 출력과 밸브의 개도를 변화시키는 것을 적분 동작(Reset)이라 한다.
앞의 그림에서 다음의 어느 동작이 적분 동작인가?
A. 공정이 변할 때 플래퍼의 위끝을 움직인다.
B. 새로운 밸브 위치를 얻기 위하여 플래퍼의 밑을 움직인다.

090 아래의 그림은 수동 조절이 가능한 적분 동작의 조절계이다.

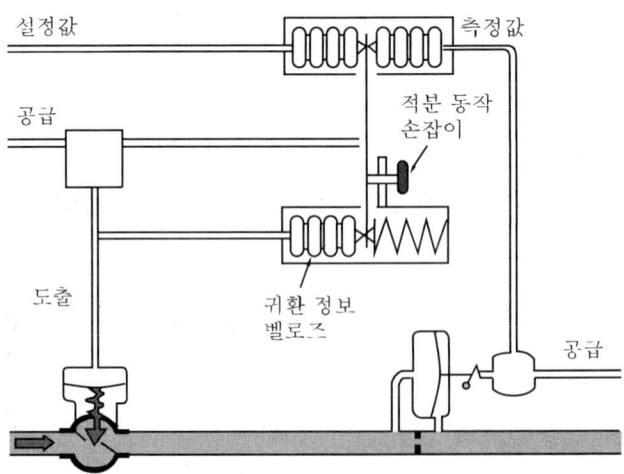

플래퍼 밑에는 조정 나사가 붙어 있다. 나사는 _____ 을 앞뒤로 움직일 수 있다.

091 부하의 변동으로 편차가 생기면 _____ 를 돌려 조정할 수 있다.

답 88. ① 밑 ② 멀리 89. B 90. 플래퍼 91. 나사

제2장 | 미분 동작 및 적분 동작을 하는 비례 동작 조절계(Proportional Controller with Rate and Reset Action) 275

092 플래퍼를 움직여 설정값을 (변화해서/변하지 않고) 밸브의 개도를 조정할 수 있다.

093 그러나 부하 변동 또는 편차가 생길 때마다 플래퍼의 위치는 수동으로 _____해 주어야 한다.

094 이와 같이 조업원이 공정의 부하가 변할 때마다 수동으로 조정하는 것은 (실용적이다/실용적이 아니다).

(1) 자동 적분 동작(Automatic Reset)

095 비례 동작 조절기는 단일 방식(Single-mode) 조절계이다.
아래의 그림은 비례 동작과 적분 동작을 갖는 2중 방식(Two-mode) 조절계이다.

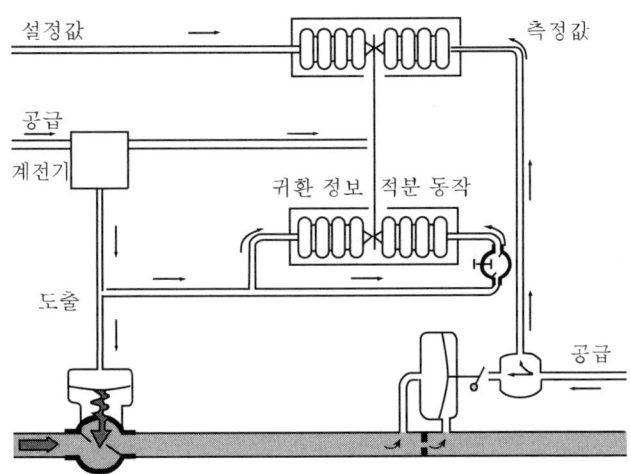

조정 나사 대신에 _____ 벨로즈라는 것이 플래퍼에 달려 있다.

답   92. 변하지 않고   93. 조정   94. 실용적이 아니다   95. 적분 동작

96 제어 릴레이라는 것이 공기를 빨리 보내거나 축적하기 위하여 공기계에 설정되어 있다.
적분 동작 벨로즈를 동작시키기 위한 압력은 제어 릴레이로부터 _____로 가는 공기의 출력에서 나온다.

97 적분 동작 벨로즈를 동작시키기 위한 압력은 :
A. 귀한 정보 벨로즈 때와 같은 원천으로부터 온다.
B. 귀한 정보 벨로즈 때와 다른 원천으로부터 온다.

98 적분 동작 벨로즈는 들어오는 공기 라인 속에 제한(Restriction) _____라는 것을 갖고 있다.

99 적분 동작 벨로즈의 목적은 플래퍼를 새로운 위치로 밀기 위한 것이다. 귀환 정보 벨로즈의 목적은 플래퍼의 움직임을 (빠르게/느리게) 하기 위한 것이다.

100 적분 동작 벨로즈와 귀환 정보 벨로즈는 (같은 방향으로/반대 방향으로) 작용한다.

---

96. 조절 밸브 97. A 98. 밸브 99. 느리게 100. 반대 방향으로

101 아래의 그림에서 적분 동작 벨로즈와 귀환 정보 벨로즈로 들어가는 공기량이 같다고 하자.

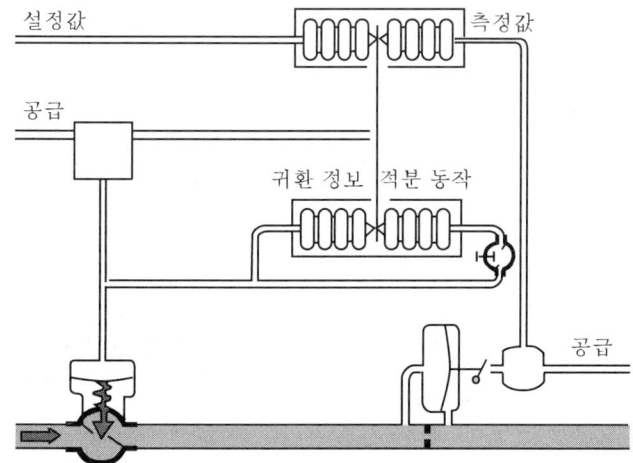

만일 제한 밸브가 완전히 열려 있고 조절 밸브로 가는 출력이 변할 때는 두 벨로즈 내의 압력은 (같은/다른) 비율로 변한다.

102 이때에 플래퍼의 밑부분은 (움직인다/움직이지 않는다).

103 플래퍼의 위치는 적분 동작 및 귀환 정보 벨로즈의 압력이 (같이/틀리게) 변해야 움직인다.

104 이것은 공기가 (귀환 정보/적분 동작) 벨로즈보다 빠른 속도로 또 보다 짧은 시간에 출입하는 것을 의미한다.

105 공정 변화 중 측정값 벨로즈는 플래퍼를 움직인다.
그 다음에 _____ 벨로즈는 플래퍼에 작용한다.

---

101. 같은　**102.** 움직이지 않는다　**103.** 틀리게　**104.** 귀환 정보　**105.** 귀환 정보

106 귀환 정보 벨로즈가 움직인 다음에 공정이 움직이려면 시간이 걸린다. 이때에 만약 공정이 설정값과 맞지 않으면 _____ 벨로즈가 작동하게 된다.

107 아래의 조절계를 보아라.

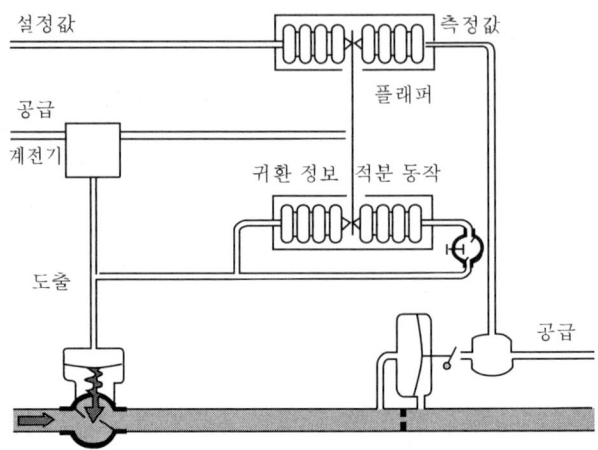

이 그림에서 적분 동작 벨로즈로 가는 라인에 설치되어 있는 밸브는 일부분 _____ 있다.

108 다음에 보인 그림에서 벨로즈 사이에는 여전히 압력차가 있다.

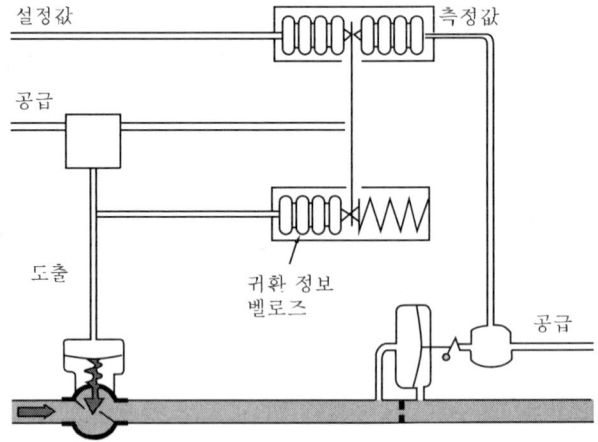

귀환 정보 벨로즈와 적분 동작 벨로즈 사이에 압력차가 존재하는 한 :
A. 벨로즈는 계속 플래퍼를 움직인다.
B. 움직이지 않는다.

답 **106.** 적분 동작 **107.** 닫혀 **108.** A

제2장 | 미분 동작 및 적분 동작을 하는 비례 동작 조절계(Proportional Controller with Rate and Reset Action) 279

109 귀환 정보 벨로즈와 적분 동작 벨로즈 사이에 압력차가 있는 한 :
A. 조절 밸브의 위치는 움직이지 않는다.
B. 조절 밸브의 위치는 계속 움직인다.

110 다음은 공정의 변화를 그린 것이다.

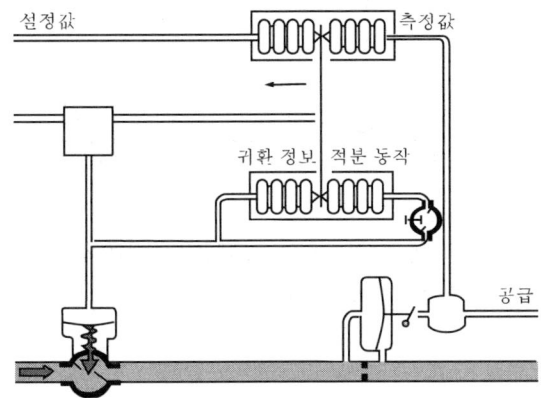

공정의 유속이 증가하면 측정값 벨로즈는 노즐을 향해 플래퍼를 밀어 붙인다. 비례 동작 때문에 부하에 큰 변화가 있어도 공정의 유속은 밸브가 닫힐 때 충분히 (감소하지 않아/감소하여) 편차를 생기게 한다.

111 플래퍼가 처음에 움직일 때 귀환 정보 벨로즈와 적분 동작 벨로즈 사이에 _____ 차가 생긴다.

답 **109.** B **110.** 감소하지 않아 **111.** 압력

112 귀환 정보 벨로즈가 원 위치를 향해 플래퍼를 밀어붙이기 시작한다.

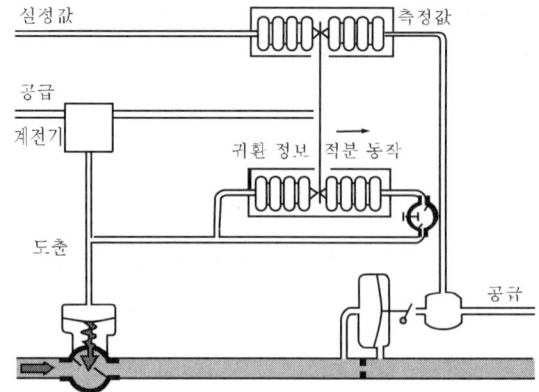

공정이 응답한 후에 적분 동작 벨로즈는 채워지기 시작하며 플래퍼를 (반대의/같은) 방향으로 밀어붙인다.

113 측정값 벨로즈는 연결 장치의 정부(Top)를 _____ 위치로 되돌아가게 하기 시작한다.

114 적분 동작 벨로즈는 적분 동작 벨로즈 및 귀환 정보 벨로즈 속의 압력이 _____ 때까지 계속 플래퍼를 움직인다.

115 이러한 동작이 계속되는 동안 ___①___ 의 압력과 ___②___ 의 압력이 같아진 다음에야 비로소 공정은 잡혀지는 것이다.

116 위의 사실은 조절계가 공정을 _____ 으로 환원시킬 때에 생기는 것이다.

답 **112.** 반대의 **113.** 설정값 **114.** 같아질 **115.** ① 측정값 벨로즈 ② 설정값 벨로즈
116. 설정값

제2장 | 미분 동작 및 적분 동작을 하는 비례 동작 조절계(Proportional Controller with Rate and Reset Action) 281

117 아래에 적분 동작을 하는 비례 동작 조절계의 기록 결과가 나와 있다.

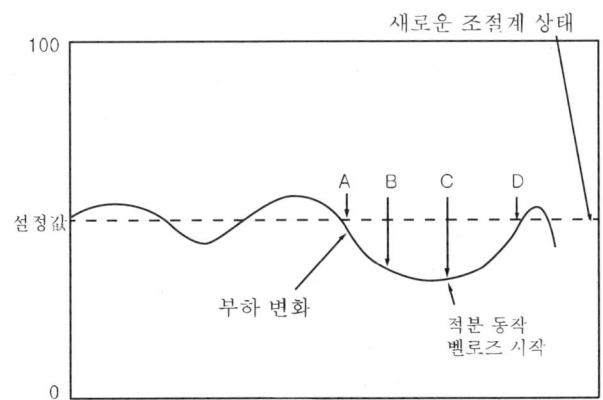

공정 측정값은 부하가 변화하는 결과 A지점에서 떨어진다.
측정값 벨로즈는 _____점에서 조절 밸브를 연다.

118 결국 공정의 변화를 멈추기 위해 비례 동작 조정이 행하여진 후, 공정 측정값은 B지점에서 설정값 ___①___ 로 측정된다.
이때에 귀환 정보 벨로즈와 적분 동작 벨로즈 사이에는 압력차가 (② 있다/없다).

119 공정은 감소하는 것을 멈춘다.
이제 _____ 벨로즈는 C점에서 플래퍼를 닫기 시작한다.

120 D점에서 공정은 설정값으로 되돌아 온다.
이때에 적분 동작 벨로즈와 귀환 정보 벨로즈 내에 압력차는 _____이다.

121 이 점에서 측정값 벨로즈의 압력은 적분 동작 벨로즈 내의 압력과 (같다/다르다).

답   117. A   118. ① 이하 ② 있다   119. 적분 동작   120. 0   121. 같다

122 공정을 가리키는 펜(Pen)은 원하는 설정값에 와 (있다/있지 않다).

123 조절계는 이제 (똑같은/다른) 부하 조건을 위해 맞추어져 있다.

(2) 적분 동작 측정법
(How Reset Action is Measured?)

124 흔히 적분 동작 벨로즈의 동작은 편차 신호가 공정이 설정값으로 되돌아올 때까지 조절 밸브에 계속 주어지므로 "반복(Repeats)"이라고 부른다.
적분 동작을 하는 데 걸리는 시간은 repeats per minute 또는 minutes per _____로 측정된다.

125 다음 중 어느 조절계의 손잡이(Knob)가 적분 동작 벨로즈를 조절하는가?

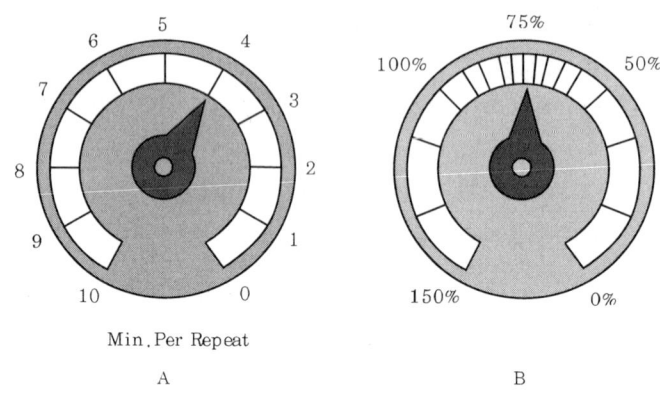

손잡이 (A/B)

126 적분 동작의 유일한 목적은 편차를 없애고 요구하는 _____으로 공정을 되돌아가게 하는 것이다.

답 **122.** 있다 **123.** 다른 **124.** repeat **125.** A **126.** 설정값

127 비례 및 적분 동작을 하는 조절계를 _____ 방식 조절계라 한다.

127. 2중

5. 미분 동작(Rate Action)

128 어느 것이 보다 빨리 작동할 것인다?
A. 비례대가 좁은 조절계
B. 비례대가 넓은 조절계

129 급속한 공정 변화가 있을 때는 조절계의 동작이 (빠른/느린) 것이 좋다.

130 빠른 동작을 위한 것으로는 비례대가 (넓은/좁은) 비례 동작 조절계가 좋다.

131 그러나 비례대가 좁은 조절계는 대부분의 공정 조건에 대해 너무 민감하다. 느린 반응을 위해서는 비례대가 _____ 조절계가 좋다.

132 이상적인 조절계는 빠른 공정 변화에 대해서는 비례대가 ___①___ 조절계 이어야 하고, 정상 조건 중에는 비례대가 ___②___ 조절계(Band proportional controller)이어야 한다.

133 어떤 조절계는 미분 동작(Rate action)을 한다.
미분 동작은 빠른 변화 중에는 ___①___ 비례대의 조절계처럼 작동하며, 또 정상 조건 중에는 ___②___ 비례대의 조절계처럼 작동하여 조절계의 효율을 좋게 한다.

134 미분 동작을 할 수 있는 조절계는 _____ 조절계이다.

답 **128.** A **129.** 빠른 **130.** 좁은 **131.** 넓은 **132.** ① 좁은 ② 넓은 **133.** ① 좁은 ② 넓은 **134.** 2중 방식

(1) 귀환 정보 벨로즈는 미분 동작에 어떻게 영향을 주는가?
(How the Feedback Bellows can Affect Rate Action?)

135 다음은 제한 밸브가 귀환 정보 벨로즈에 달려 있는 조절계와 그림이다.

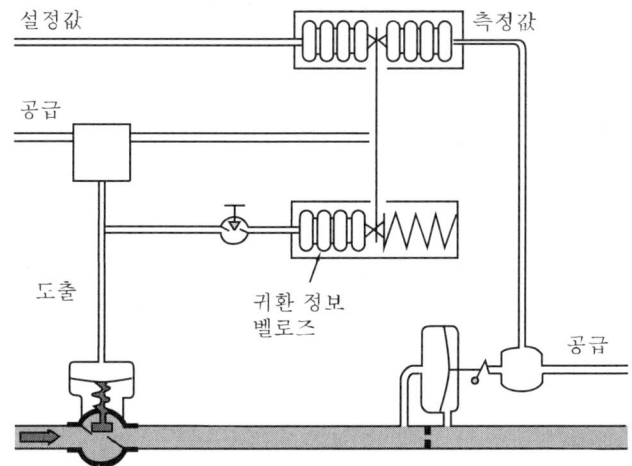

이 밸브를 열고 닫음으로써 벨로즈로 들어가는 _____의 양을 증가 또는 감소시킨다.

136 이 밸브를 꽉 잠그었다고 하자.

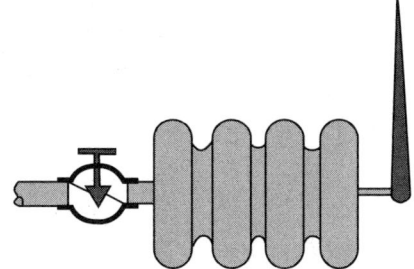

귀환 정보 벨로즈는 공기를 (조금도 받지 않는다/조금 받는다).

137 이것은 벨로즈가 플래퍼를 (밀고 있는/밀고 있지 않는) 것을 의미한다.

---

135. 공기 136. 조금도 받지 않는다 137. 밀고 있지 않는

138 제한 밸브를 잠근 채로 놓아두면 조절계는 마치 _____ 벨로즈가 없는 상태와 같다.

139 이 밸브는 설정값을 초과해서 (작동할/작동하지 않을) 것이다.

140 너무 민감하고 설정값을 넘게 되는 비례대는 (좁은/넓은) 비례대이다.

141 귀환 정보 벨로즈를 끄면 조절계가 설정값을 넘지 않게 할 수 없다.
귀환 정보 벨로즈를 끄면 조절계는 비례대가 (좁은/넓은) 조절계와 같이 작동한다.

142 사실상 조절계는 설정값을 훨씬 넘어 조절 밸브를 완전히 닫거나 또는 열리게 한다.
귀한 정보가 없는 조절계는 _____ 동작 조절계와 같이 작동한다.

143 귀환 정보 벨로즈에 대한 제한 밸브는 완전히 열려 있다고 하자.

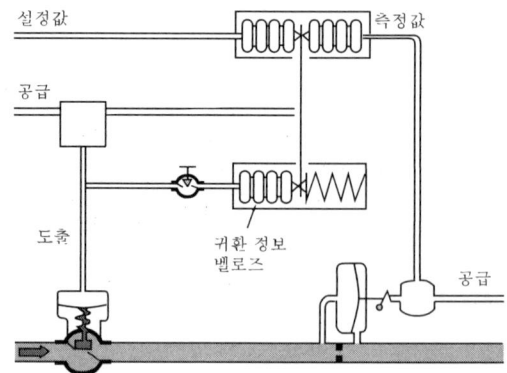

이것은 귀환 정보 벨로즈가 :
A. 아주 민감함을 의미한다.
B. 아주 느린 작동임을 의미한다.
C. 전혀 움직이지 않음을 의미한다.

답 **138.** 귀환 정보 **139.** 작동할 **140.** 좁은 **141.** 좁은 **142.** On-Off **143.** A

제2장 | 미분 동작 및 적분 동작을 하는 비례 동작 조절계(Proportional Controller with Rate and Reset Action)

144 공정이 변화할 때 조절계의 귀환 정보 벨로즈는 밸브의 위치 변화에 저항을 준다. 공정은 밸브가 너무 많이 움직이면 너무 _____ 변화할 것이다.

145 이것은 귀환 정보 벨로즈가 완전히 열려 비례대가 (좁은/넓은) 조절계임을 의미한다.

146 제한 밸브가 일부 잠겨진 상태라 하자.

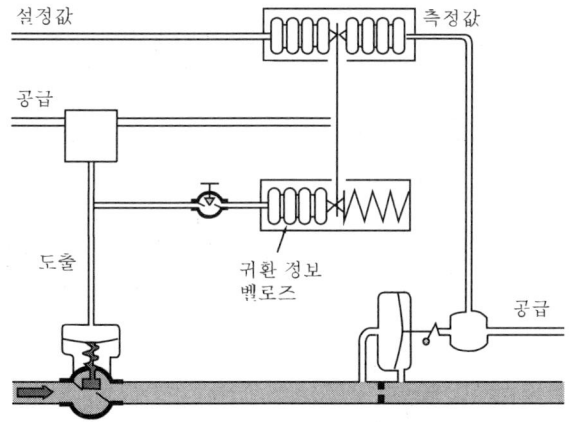

벨로즈는 완전히 열린 때보다 공기가 채워지는 시간이 더 (길다/짧다).

147 이것은 공정이 변화하는 동안 귀환 정보 벨로즈가 조절계의 수정 동작에 대한 저항에 _____ 시간을 요함을 의미한다.

148 느린 공정 변화에 대해서 제한 밸브를 일부 닫힌 상태로 놓아두면, 귀환 정보 벨로즈는 플래퍼의 작동에 저항을 주는 데 시간이 걸리고 조절계에 천천히 떨어지게 된다.
빠른 변화에 대해서는 조절계의 귀환 정보 벨로즈는 조절계의 출력을 약화시키는 데 시간이 (걸린다/걸리지 않는다).

---

144. 많이 145. 넓은 146. 길다 147. 보다 긴 148. 걸리지 않는다

149 따라서 큰 변화가 이루어지도록 조절 밸브에 영향을 (준다/주지 않는다).

150 이것은 변화가 빠르면 빠를수록 조절계의 귀환 정보 동작이 그만큼 ____①____ 되고, 또 조절 밸브로 보내지는 수정 동작이 그만큼 ____②____ 됨을 의미한다.

151 아래의 그림은 비례 동작, 적분 동작을 겸한 3중 방식(Three mode) 조절계를 나타낸 것이다.

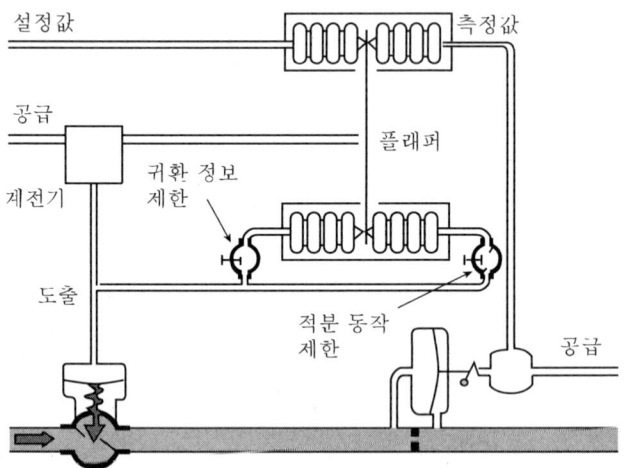

이 조절계는 귀환 정보 벨로즈에 특수한 미분 동작 제한 _____가 있는 것을 제외하면 적분 동작을 하는 비례 동작 조절계와 똑같다.

152 미분 동작 제한 밸브를 조절하여 귀환 정보 벨로즈의 동작을 지연시킬 수 있다. 이것은 갑작스런 공정 변화에 대해 벨로즈의 동작을 조절계의 비례 동작 (이후에/이전에) 이루어지도록 해 준다.

답 149. 준다   150. ① 느리게 ② 크게   151. 밸브   152. 이후에

제2장 | 미분 동작 및 적분 동작을 하는 비례 동작 조절계(Proportional Controller with Rate and Reset Action)   289

153 느린 공정 변화에 대해서는 귀환 정보 벨로즈가 적분 비례 동작을 알아차리는 데는 시간이 걸려 조절계의 동작을 (빠르게/느리게) 한다.

154 따라서 빠른 변화에 대해서는 귀환 정보 벨로즈는 작동할 기회를 얻지 못하고 조절계는 마치 :
A. 비례대가 좁은 조절계처럼 작동한다.
B. 비례대가 넓은 조절계처럼 작동한다.

155 느린 변화에 대해서는 귀환 정보 벨로즈는 작동하는 데 시간이 걸려 조절계는 마치 :
A. 비례대가 좁은 조절계처럼 작동한다.
B. 비례대가 넓은 조절계처럼 작동한다.

156 일반적으로 공정이 크고 빠른 부하 변동을 한다면 이것을 조절해 주는 적당한 방식은 _____이다.

157 작동이 느린 속도이고 흐름에 상당히 큰 저항을 갖는 공정에는 _____ 동작 조절 방식을 사용할 수 있다.

158 비례 동작 조절계와 적분 동작을 하는 비례 동작 조절계 사이의 선택에 있어서 중요한 요인은 일어나게 될 부하의 _____이다.

159 이를 선택하는 데 있어서 또 다른 중요한 요인은 감당해야 할 _____의 양이다.

---

153. 느리게   **154.** A   **155.** B   **156.** 미분 동작과 적분 동작을 하는 비례 동작 조절계
157. On-Off   **158.** 크기   **159.** 오프셋

CHAPTER 03

조절계의 사용
(Working with Controller)

1. 서론(Introduction)

001 조절 및 조절계에 대해 몇 가지 복습해 보기로 하자.

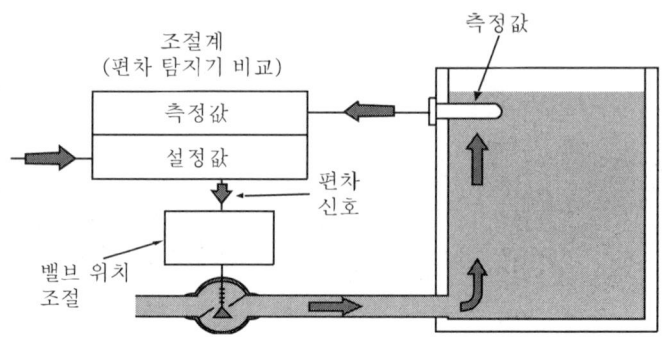

조절 루프에는 공정을 ____①____ 하는 계기와 이 측정값을 설정값과 비교하는 ____②____ 가 있다.

002 계기 및 공정이 서로 작동이 이루어지는 시간을 :
A. 계기 응답(Instrument response)이라고 한다.
B. 공정 응답(Process response)이라고 한다.
C. 시스템 응답(System response)이라고 한다.

003 공정은 밸브의 변화에 대해 즉시 반응을 해야 하는가?
(그렇다/그렇지 않다).

004 조절계에는 두 가지가 있다.
_____ 동작 조절계는 조업상 가장 간편한 것이다.

답 1. ① 측정 ② 조절계 2. C 3. 그렇지 않다 4. On-Off

005 (On-Off 동작/비례 동작) 조절계는 공정을 흔들리게 하기 쉽다.

006 _____ 조절계는 조절 밸브에 대한 조정 범위가 있다.

007 다음은 비례 동작 조절계에 의해 조절된 공정의 변화를 보인 것이다.

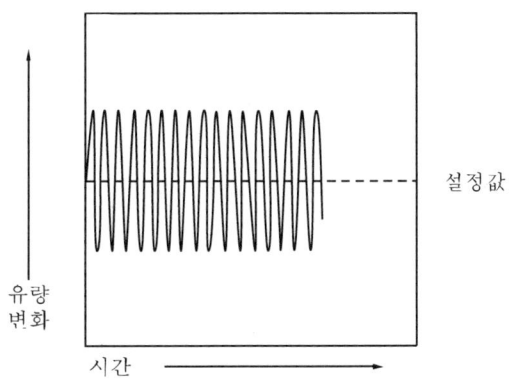

조절 밸브는 (넓은/좁은) 비례대를 갖는 조절계에 의해 작동되고 있다.

008 다음은 공정의 변화를(밸브의 움직임이 아니고) 보인 것이다.

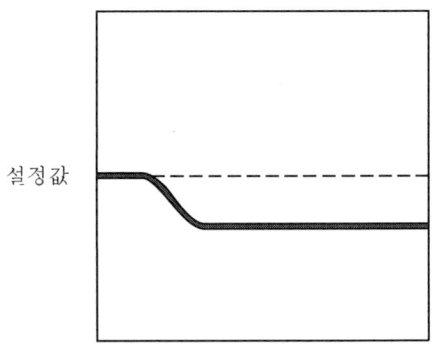

이 조절계는 많은 양의 편차를 허용하고 있다.
여기서 사용하는 비례 동작 조절계는 (넓은/좁은) 비례대를 가지고 있다.

답 **5.** On-Off **6.** 비례 동작 **7.** 좁은 **8.** 넓은

009 다음의 그래프는 공정의 변화를 보인 것이다.

공정은 흔들리고 있다. 조절계는 :
A. 너무 민감하다.
B. 충분히 민감하지 못하다.

010 여기서 사용 중인 조절계는 (넓은/좁은) 비례대의 조절계이다.

답 9. A 10. 좁은

2. 조절계의 조정에 관한 문제점
(Problems and Controller Setting)

11 여러 가지 제품을 생산하고 있는 정유공장에서는 여러 가지 다른 공정이 적용되고 있다.
서로 다른 공정에는 (같은/다른) 형태의 조절을 할 필요가 있다.

12 한 공정에서 안전하고 사용에 신빙성이 있는 조절계가 다른 공정에서는 좋지 않을 수가 있다. _____는 공정에 맞아야 한다.

13 조절계는 너무 민감할 수 있다. 너무 민감한 조절계는 공정을 _____ 할 수 있다.

14 조절계는 민감도가 좋지 못할 수도 있다. 작동이 민감치 못한 조절계는 공정에 너무 많은 _____를 생기게 한다.

15 때때로 공정 기록계가 "멈춘 펜(Dead pen)"의 상태를 보일 때가 있다.

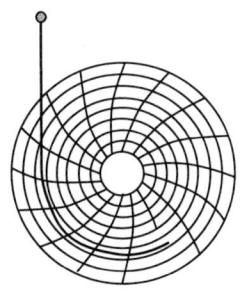

멈춘 펜은 조절계 또는 기록계가 공정의 변화에 따라 (작동하는/작동하지 않는) 것을 의미한다.

---

11. 다른 12. 조절계 13. 흔들리게 14. 편차 15. 작동하지 않는

016 멈춘 펜을 만드는 요인은 무엇일까? 맞는 것에 O표를 하여라.
① 공정에 계기의 힘이 미치지 못하고 있다.
② 계기가 너무 둔감하다.
③ 너무 비례대가 넓다.
④ On-Off 동작 조절

답 16. ① O ② O ③ O

3. 하나의 공정을 조절하면 다른 공정에 어떻게 영향을 주나?

017 아래의 보일러는 증기를 만들고 있다.

증기의 생산량은 물이 얼마나 _____되고 있는가에 따라 결정된다.

018 조절계가 연소기로 들어오는 연료의 양을 조절한다고 하자. 연료의 양의 변화는 보일러 내의 _____의 양의 변화를 의미한다.

019 열량의 변화는 생산되는 증기의 _____의 변화를 의미한다.

020 연료의 양이 흔들리면 증기의 양이 (흔들린다/흔들리지 않는다).

답   **17.** 가열   **18.** 열   **19.** 양   **20.** 흔들린다

021 보일러에서 생기는 증기는 많은 다른 공정으로 보내진다.

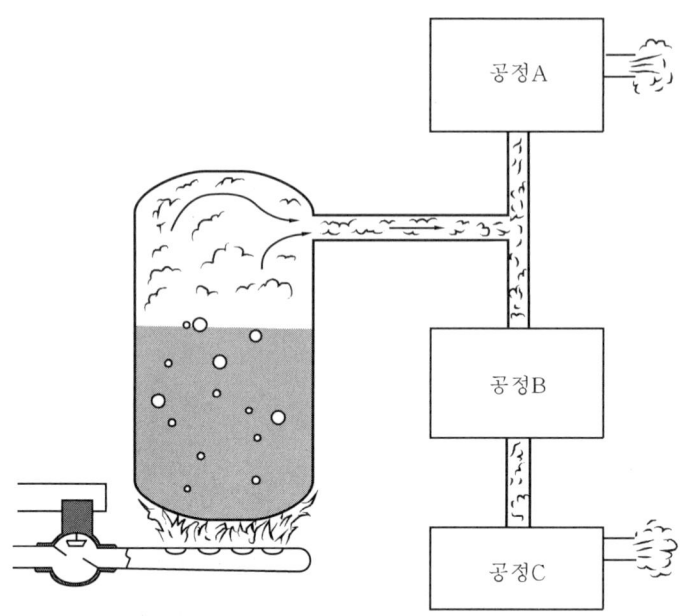

보일러로 들어가는 연료의 양이 흔들리면 공정으로 가는 증기의 양이 (흔들린다/흔들리지 않는다).

022 이들 공정은 보일러와 함께 _____ 것이다.

답 21. 흔들린다 22. 흔들릴

제3장 | 조절계의 사용(Working with Controller) 299

023 각 공정에는 들어오고 나가는 곳의 밸브를 조절하는 조절계가 있다.

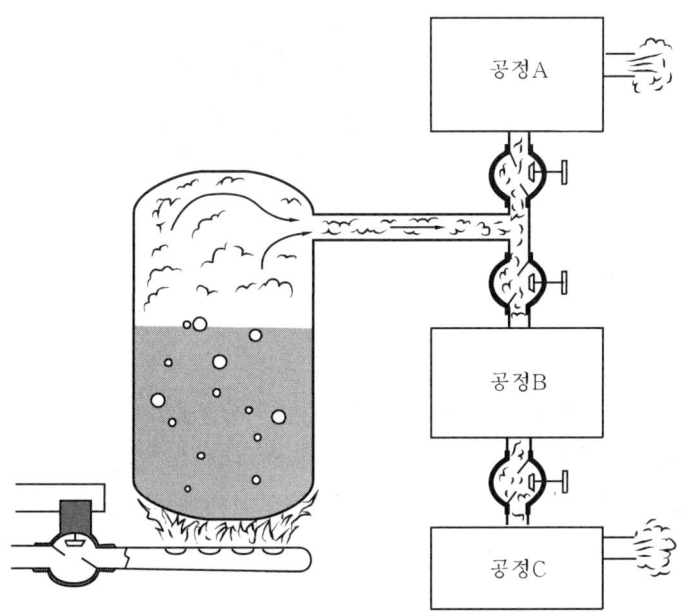

이러한 조절계들은 각 공정의 _____ 양을 조절할 수 있다.

024 이러한 조절계들은 증기의 양이 흔들리면 이 흔들림을 조절해야 할 문제점을 갖는다.
보일러를 나가는 증기는,
A. 가능한 한 설정값에 가깝게 유지하여야 한다.
B. 가능한 한 일정하게 유지하여야 한다.

025 증기 보일러의 조절계는 다음의 것이어야 한다.
A. On-Off 동작 조절계
B. 비례대가 넓은 조절계
C. 비례대가 좁은 조절계

답 23. 증기 24. B 25. B

026 보일러의 조절계에 붙어 있는 기록계가 편차를 보여 줄 수 있다.

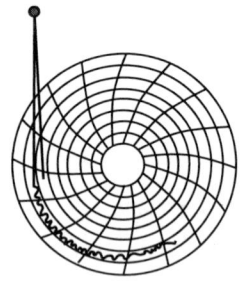

이것은 조절을 안정하게 유지해 주는 것만큼 (중요하다/중요하지 않다).

027 또 다른 공정에서 대단히 휘발성이 큰 물질을 다루는 경우를 생각해 보자. 이 액체는 대단히 휘발성이 강해서 온도에 대단히 민감하여 5°F의 편차에 의해 쉽사리 안전 밸브가 터진다고 가정하자. 이때에 조절계는 _____를 최소로 줄여야 한다.

028 (넓은/좁은) 비례대를 갖는 조절계는 공정을 설정값에 가깝게 해 준다.

029 이 공정에 맞는 조절계는 (넓은/좁은) 비례대를 가져야 한다.

030 편차도 크지 않고 안정된 조절을 하여야 하는 공정에 알맞은 조절계는 다음의 것이다.
A. On-Off 동작 조절계
B. 넓은 비례대 조절계
C. 좁은 비례대 조절계
D. B와 C의 중간

답 26. 중요하지 않다 27. 편차 28. 좁은 29. 좁은 30. D

031 아래의 그림에서 비례대는 좁은 경우이다.

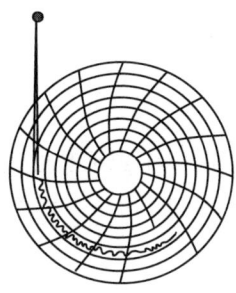

이 그래프를 보면 조절계는 (안정되어 있다/다소 불안정하다)는 것을 알 수 있다.

032 이 불안정성은 :
A. 비례대가 좁은 경우 일어난다.
B. 비례대가 좁더라도 절대로 생기지 않는다.

033 이 공정을 안정하게 하기 위해서는 비례대를 _____ 주면 된다.

034 이때에 조업원이 비례대를 조정한다고 가정한다.

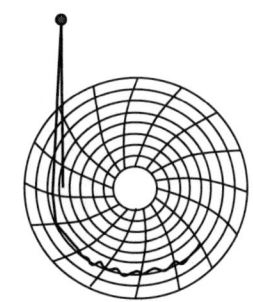

그래프는 공정이 보다 더 _____ 되어 있다는 것을 나타낸다.

035 그러나 이제 (큰/작은) 편차가 생길 우려가 있다.

---

31. 다소 불안정하다 **32.** A **33.** 넓혀 **34.** 안정 **35.** 큰

036 이런 편차로 공정이 위험하게 된다면 위와 같이 조정하는 것은 (당연하다/해롭다).

037 비례대를 조절하여 공정이 안정하게 되었다는 것은 사실이다.
그러나 이로 인해 공정을 _____하게 만들었다.

038 가열로는 여러 공정에서 쓰이는 많은 유체를 생산해 낸다. 따라서 그 온도 조절은 매우 _____되어야 한다.

039 이때에 온도의 편차를 작게 하려면 비례대를 _____ 함으로써 가능하다.

040 그러나 이런 특별한 공정에서는 비례대가 좁으면 공정에 너무 ___①___ 하여 그 조절 기능이 ___②___ 해질 수 있다.

답 36. 해롭다 37. 위험 38. 안정 39. 좁게 40. ① 민감 ② 불안정

4. 적분 동작 및 미분 동작은 조절에 대해 어떻게 영향을 주나? (How Reset and Rate Action Affect Control?)

041 다음에 미분 및 적분 동작에 대해서 살펴보자.
부하가 변하면 조절계는 편차를 줄이기 위하여 _____을 취하여야 한다.

042 미분 동작 조절계는 보다 빠른 공정 변화에 대하여 조절계가 _____ 동작하도록 하기 위한 것이다.

043 이 미분 및 적분 동작은 자동적으로 (일어난다/일어나지 않는다).

044 조절계를 조정하여 이들 동작을 변화시킬 수 (있다/없다).

045 미분 및 적분 동작을 하는 비례 동작 조절계가 있다.

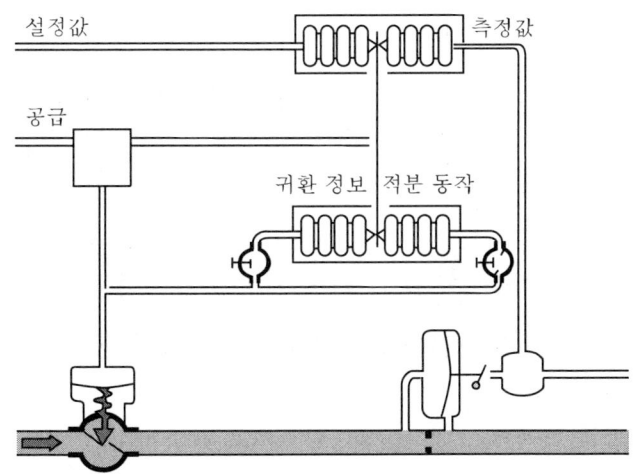

이들 동작을 위해서는 귀환 정보 벨로즈 및 적분 동작 벨로즈로 가는 제한 밸브를 (같게/다르게) 열어야 한다.

답 41. 적분 동작 42. 빨리 43. 일어난다 44. 있다 45. 다르게

046 만일 미분 동작 벨로즈의 제한 밸브를 적분 동작 벨로즈의 제한 밸브와 같이 열어주었다면 다음 중 어떤 현상이 일어날까?
A. 두 벨로즈는 모두 조절에 영향을 준다.
B. 둘 중 한 개의 벨로즈만이 영향을 준다.
C. 아무것도 영향을 주지 않는다.

047 이렇게 되면 이 조절계는 (① 비례 동작/On-Off 동작) 조절계와 같게 되고 적분 동작이 (② 있는/없는) 조절계와 같다.

048 안전된 공정 관리를 위하여 공정에 조절계가 설치되어 있다.
조절계를 조정함으로써 공정을 위험하게 하는 경우가 (있다/없다).

049 적분 동작 제한 밸브를 너무 많이 연 경우를 생각해 보자.

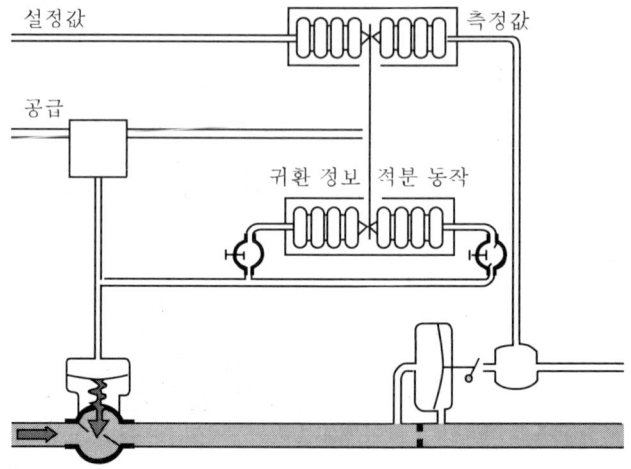

적분 동작은 조절 밸브를 동작시키는 데 귀환 정보 벨로즈에 대하여 너무 (빨리/느리게) 동작한다.

050 이렇게 되면 적분 동작은 (안정/불안정)하게 된다.

---

46. C   47. ① On-Off 동작 ② 없는   48. 있다   49. 빨리   50. 불안정

51 이때에 만일 공정 변화가 생기면 공정은 위험하게 (된다/되지 않는다).

52 따라서 조절계의 조정은 알맞게 _____을 이루어야 한다.

53 조절계의 조성(Setting)에 경험이 없으면? 맞는 것에 ○표를 하여라.
① 공정의 혼란을 가져온다.
② 아무리 잘못 조절해도 그냥 고쳐질 수 있다.
③ 위험하거나 해로운 결과를 초래한다.

답 51. 된다 52. 균형 53. ① ○ ③ ○

5. 조절 방식에 대한 고찰
(Working with the Control Mode)

계기에 대해서 별로 아는 것이 없는 사람이 제어실에서 계기를 보고 있다고 하자. 그가 비례 동작, 적분 동작 및 미분 동작이라고 씌어진 네임판을 보고 있던 중에, 문득 언젠가 한 계기 기술자가 그에게 다음과 같이 말한 사실이 머리에 떠올랐다. "이것은 미분 동작이고 저것은 비례대(Proportional band)이니까 절대로 만지지 말아라." 하지만 인간 본성에 의하여 그가 모든 것이 잘 돌아가고 있는 조용한 아침에 위의 조정 상태(Setting)에 대새 생각해 보기 시작하였다.

그가 그것을 들여다보면 볼수록 그는 만약 그것들을 바꿔 준다면 실제로 무엇이 일어날 것인가에 대해 점점 더 호기심이 생겼다.

두세 시간 동안 들여다보던 중 그의 호기심은 그가 무엇이 어떻게 될 것인가를 알아보도록 결심을 하게 만들었다. 결국 그는 문자판을 움직이고 기다렸다.

054 이 조업원이 조정 상태를 변화시킨 시간에는 아무런 공정 변화가 생기지 않았다. 이때에 조절계는 조절 밸브의 위치를 (변화시켰다/변화시키지 않았다).

055 조절 밸브의 위치가 변하지 않을 때, 공정에 변화가 생길 수 (있다/없다).

답 **54.** 변화시키지 않았다 **55.** 없다

056 이 조업원은 다음과 같이 비례대를 변화시켰다고 가정하자.

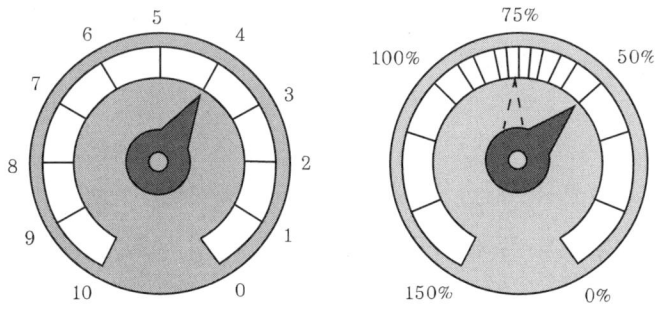

이것은 공정이 변할 때 조절을 (안정하게/불안정하게) 할 것이다.

057 다음에 적분 동작의 작동 방향을 적분 동작 제한 밸브가 거의 잠기는 상태로 하였다고 가정하자.

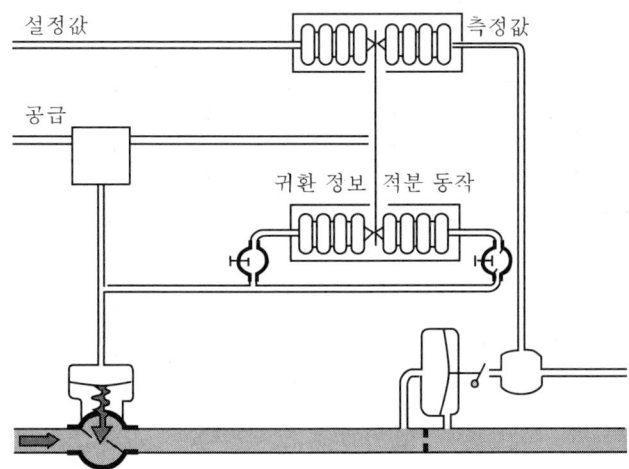

이때에 :
A. 적분 동작은 매우 빠르게 될 것이다.
B. 적분 동작은 매우 느리게 될 것이다.

답 56. 불안정하게 57. B

058 근무 교대 중 아무런 공정 변화가 없었다면 이 조절 변화는 어떻게 될 것인가?
A. 긴급 조업 중지(Emergency shutdown)가 초래될 것이다.
B. 정상으로 유지될 것이다.

059 다음 근무자가 근무하러 왔다고 하자. 첫 번째 근무자가 비례대의 조정 상태를 변화시켜 너무 좁게 만들었다고 하면, 공정 변화가 일어나 공정은 흔들리기 시작한다.
너무 민감한 조절계는 이러한 상태를 (바르게 한다/더욱 나쁘게 한다).

060 이제 어떠한 결과가 생길까?
A. 중대한 공장의 혼란을 가져올 것이다.
B. 정상으로 유지될 것이다.

061 이전 조업원이 적분 동작을 줄였다고 가정하자.
다음 번 교대 근무 중 공정에 큰 변화가 일어났다.
조절계는 적당히 적분 동작을 할 수 (있다/없다).

062 만약 설정값에 가깝게 유지해야 한다면 이 결과는 중대한 혼란을 (초래한다/초래하지 않는다).

063 누가 이때의 조업 중지에 대해 잘못이 있는가?
A. 두 번째 교대 근무자
B. 첫 번째 교대 근무자

답 58. B 59. 더욱 나쁘게 한다 60. A 61. 없다 62. 초래한다 63. B

6. 누가 조절계를 조정하여야 하나?
(Who should Adjust Controller?)

064 다음은 연속된 공정의 전체적인 관계를 나타낸 것이다.

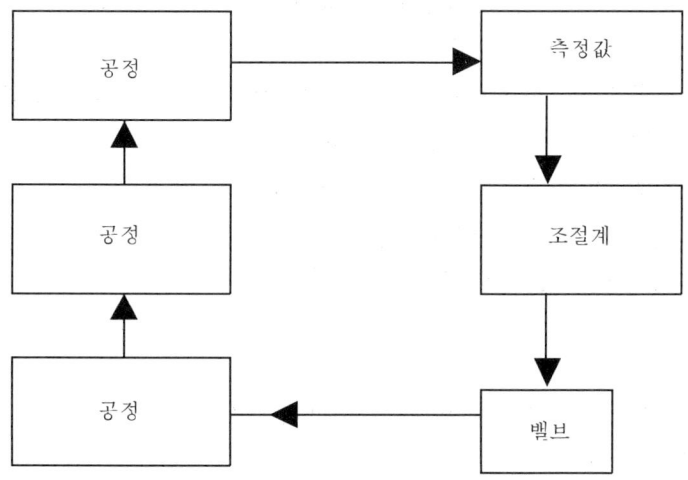

한 공정의 조절은 다른 공정에 영향을 (준다/주지 않는다).

065 자기가 맡고 있는 장치에 대해 잘 알고 있는 근무자는 다른 장치에 대해서는 알 필요가 없을는지도 모른다.
조업원은 :
A. 자기의 장치에 대해서 깊이 알아야 한다.
B. 전체의 장치에 대해 잘 알아야 한다.

066 한 장치에 필요한 조절 형식은 다른 장치에 영향을 줄 수 있다.
조업원은 항상 자기의 계기만을 관찰하여 적당한 조절 방식을 결정할 수 (있다/없다).

답　64. 준다　65. A　66. 없다

067 조절계의 조정은 공정에 부합되어야 한다.
이것은 그래프를 좋게 그려지게 하거나 호기심을 만족시키기 위해 변화시킬 수는 (있다/없다).

068 일반적으로 조절계의 조작은 계기공이나 특별히 훈련받는 조업원이 실시해야 한다. 특별훈련을 받지 않은 조업원은 계기공을 다음과 같이 도울 수 있다. 맞는 것에 ○표를 하여라.
① 시운전(Start-up) 중 계기공이 계기 조작을 위해 공정
② 응답을 검토하는 것을 돕는다.
③ 조업 중 조절계는 만지지 말고 그대로 둔다.
④ 계기의 고장을 보고한다.
⑤ 조절 방식을 변환시킨다.

069 훈련받지 않은 조업원은 계기 고장이 났을 때 조절계를 (조작해야 한다/조작해서는 안 된다).

070 훈련받지 않은 조업원은 계기 고장시 :
A. 수동 조절로 바꾼다.
B. 계기공과 문제 해결을 위해 상의한다.
C. 조절 방식을 변경한다.

답 67. 없다 68. ① ○ ② ○ ③ ○ ④ ○ 69. 조작해서는 안 된다 70. A, B

중화학공업기술교재 6

계장

1판 1쇄 발행	1979. 10. 30.
2판 2쇄 발행	1995. 5. 20.
2판 3쇄 발행	2000. 1. 20.
2판 4쇄 발행	2005. 6. 10.
2판 5쇄 발행	2007. 1. 10.
2판 6쇄 발행	2012. 1. 1.
3판 1쇄 개정판 발행	2016. 4. 20.
3판 2쇄 발행	2017. 2. 10.
3판 3쇄 발행	2021. 8. 20.
4판 1쇄 발행	2024. 3. 10.

엮은이 : 산업훈련기술교재편찬회
펴낸이 : 박　　용
펴낸곳 : 도서출판 세화
주　소 : 경기도 파주시 회동길 325-22
영업부 : (031)955-9331~2
편집부 : (031)955-9333
F A X : (031)955-9334
등　록 : 1978. 12. 26 (제 1-338호)

※ 파손된 책은 교환하여 드립니다.
ISBN 978-89-317-1267-4　13570

정가 **15,000**원